NOUVELLE ANALYSE PHYSIQUE

DES

VIBRATIONS LUMINEUSES

BASÉE SUR

LA MÉCANIQUE DE L'ÉLASTICITÉ

ET

Conduisant logiquement à l'explication de
tous les phénomènes

DE

L'OPTIQUE

PAR

L'Abbé L.-M. Le DANTEC

Professeur de Sciences
A. TRÉGUIER (Côtes-du-Nord).

PARIS

LIBRAIRIE CENTRALE DES SCIENCES

Mathématiques, Electricité.
Arts Militaires et Industriels, Photographie, Agriculture, etc.

J. MICHELET

25, Quai des Grands-Augustins (près le pont Saint-Michel)

1892

NOUVEAU
TRAITÉ D'OPTIQUE PHYSIQUE

NOUVELLE ANALYSE PHYSIQUE

DES

VIBRATIONS LUMINEUSES

BASÉE SUR

LA MÉCANIQUE DE L'ÉLASTICITÉ

ET

Conduisant logiquement à l'explication de
tous les phénomènes

DE

L'OPTIQUE

PAR

L'Abbé L.-M. Le DANTEC

Professeur de Sciences
A TRÉGUIER (Côtes-du-Nord).

———

PARIS

LIBRAIRIE CENTRALE DES SCIENCES

Mathématiques, Electricité.
Arts Militaires et Industriels, Photographie, Agriculture, etc.
J. MICHELET
25, Quai des Grands-Augustins (près le pont Saint-Michel)
—
1892

RAISON D'ÊTRE DE CETTE ÉTUDE

— Pourquoi un rayon lumineux dévie-t-il en passant d'un milieu dans un autre?

— Pourquoi les radiations lumineuses sont-elles plus réfrangibles les unes que les autres; — et pourquoi le violet est-il plus réfrangible que le rouge?

— Pourquoi ces ondulations ont-elles des vitesses de propagation différentes dans un même milieu pondérable?

— Pourquoi éliminer les vibrations transversales dans les ondes sonores; — et les vibrations longitunales dans les ondes lumineuses?

— Comment les vibrations transversales de Fresnel peuvent-elles échapper au dur reproche d'*absurdité mécanique* que Laplace et Arago leur adressaient?

— Comment ces vibrations transversales, perpendiculaires à la marche de la lumière, peuvent-elles se propager avec une vitesse de 77,000 lieues par seconde?

— Est-il vrai que les vibrations sonores et lumineuses puissent se propager sans former des nœuds fixes?

— Quel est donc le phénomène naturel qui pourrait réaliser la conception géométrique d'ondulations se propageant suivant des sphères concentriques, d'une manière continue?

— Tels sont les principaux points d'interrogation qui surgissent devant l'esprit quand on étudie la théorie des ondulations.

Les deux premiers seuls m'ont poussé à faire cette étude mécanique des vibrations. Mais il s'est trouvé qu'au lieu de répondre uniquement à ces deux points, elle a répondu avec la même clarté à tous les autres, comme on peut s'en assurer en lisant ces pages.

Un coup d'œil sur la table des matières en donnera une idée préliminaire plus complète.

L'appareil décrit à la page 22 est en vente chez Goubeaux, Opticien, 216 Boulevard Saint-Germain, Paris.

PRÉAMBULE

Avant d'aborder le problème de l'analyse physique de la lumière et du son, et en général de tous les phénomènes de la nature, il faut évidemment commencer par se faire une *monadologie* et une *cosmogonie* aussi raisonnables que possible.

Comment, en effet, pourrait-on suivre logiquement par l'imagination les petits corpuscules qui exécutent les subtiles vibrations de la lumière, de la chaleur, du son, etc... si l'on ne pouvait préalablement se dire comment ils sont faits, ou au moins comment ils peuvent être faits ?

Cependant pour ne rien dire dans ce travail qui puisse être attaqué comme étant une simple vue personnelle contestable, je me contenterai d'établir préliminairement les points suivants qu'aucun esprit sérieux ne saurait me refuser.

I.

La matière, soit pondérable, soit impondérable, n'est point le chaos décrit dans les deux phrases suivantes :

« *Les molécules de l'éther, animées de vitesses excessives*
« *de translation, de rotation, de vibration, traversent sans*
« *cesse et en tout sens les molécules des corps pondérables et*
« *tendent à les disjoindre.* » (La Matière et la Force, par l'abbé Moigno, page 53.)

« *Bernouilly (1738) admet que les molécules des gaz sont*
« *lancées rectilignement avec des vitesses moyennes égales*

« *dans tous les sens, se croisant dans toutes les directions,*
« *pouvant même se rencontrer et se réfléchir par le choc sans*
« *perdre leur quantité de mouvement.* »

Et c'est ce que l'on admet encore avec Bernouilly.

Que l'on essaie de se rendre compte de la portée de tous
ces mots et l'on verra que jamais poète n'a rêvé de chaos
plus parfait que celui qui est dépeint dans ces deux petites
phrases.

Je renonce absolument à faire de la physique avec de
pareilles données.

II.

Je veux voir dans l'éther impondérable, — non un essaim
volant, — mais un ensemble de sphérules extrêmement élastiques, immobiles, juxtaposées au contact l'une de l'autre,
ne laissant entre elles d'autre vide que celui que laissent
nécessairement de petites sphères qui se touchent.

Ces sphérules sont impondérables; c'est-à-dire qu'il faut
se garder de les considérer comme se comprimant les unes
les autres par leur poids, puisqu'*elles ne pèsent pas* ; — et de
dire que les molécules pondérables les attirent ou les accu-
mulent autour d'elles pour former des atmosphères plus ou
moins denses, comme on le suppose dans l'explication de
certains phénomènes.

Il faut être logique : dès lors que la cosmographie et la
physique ont démontré l'impondérabilité du milieu interpla-
nétaire, il ne faut plus parler de changements de *densité* dans
ce milieu par suite de *l'attraction* que les molécules pondérables exerceraient sur les sphérules de ce milieu. Un milieu
impondérable ne peut ni changer de densité puiqu'il n'en a
pas, ni être attiré par les corps pondérables, puisque cette
attraction le rendrait pondérable.

Mon postulatum est donc que l'on regarde l'univers physique éthéré comme constitué par la *juxtaposition* de sphérules, — et non par la superposition de molécules, — d'une élasticité approchant de l'idéal absolu autant qu'un être physique réalisé peut en approcher.

C'est un océan immense, mais non sans borne, un océan sans tempêtes, d'un calme parfait, au sein duquel les molécules pondérables, groupées en corps célestes, évoluent, s'assemblent et se combinent sous l'empire des trois grandes lois de la *Gravitation*, de la *Cohésion* et de l'*Affinité*.

Sous l'empire de l'affinité en particulier, les molécules pondérables, sphériques elles-mêmes, mais d'une élasticité qui varie d'une espèce à l'autre, se précipitent l'une contre l'autre, et de leur choc vient la lumière ; — ou plutôt en général, de leur choc résultent des vibrations

Actiniques, Lumineuses et *Caloriques*

dont il s'agit d'analyser la Constitution.

Je lis dans *Verdet T. I.* p. 31.

« On trouve dans Huyghens des idées très claires et très
« exactes sur la naissance et le mode de propagation des
« ondes lumineuses. Il fait remarquer en premier lieu que
« le *mouvement vibratoire du corps lumineux* NE PEUT ÊTRE UN
« MOUVEMENT D'ENSEMBLE, comme celui qui donne naissance
« au son, et que pour expliquer la visibilité des différentes
« parties de ces corps, *il faut admettre que* CHACUNE *de leurs*
« *molécules est animée d'un mouvement vibratoire spécial.*

« Les ondulations lumineuses, ajoute-t-il, se propagent
« dans un milieu très subtil qu'il nomme éther, et dont
« l'existence est surtout prouvée pour lui par l'extrême vi-
« tesse de la lumière comparée à celle du son.

« Il a recours, pour faire comprendre la manière dont les
« ondes se transmettent dans ce milieu, à une comparaison
« *très ingénieuse et très féconde avec ce qui se passe lorsqu'une*
« *bille élastique vient frapper une* SÉRIE *d'autres billes sem-*
« *blables et de même* GROSSEUR *suspendues en ligne* DROITE *et*
« *de façon à se* TOUCHER.

Ce passage est le programme *complet* de mon étude; au
point qu'en le lisant je me suis demandé si je n'avais fait
que reproduire un travail existant déjà depuis deux cents
ans.

Comme Huyghens, j'ai posé en principe que dans la lumière ce sont les sphérules même de l'éther, — considérées
isolément mais en contact l'une avec l'autre, — qui reçoivent et propagent les vibrations des molécules pondérables.

Celles-ci en effet sont de même ORDRE DE GRANDEUR *que les*
sphérules de l'éther; — donc quand deux molécules, d'oxy-
gène et d'hydrogène par exemple, s'entrechoquent pour s'as-
socier dans une molécule d'eau, la surface de chacune d'elles
ne peut choquer dans sa vibration que la surface d'une SEULE
sphérule d'éther. Donc logiquement je me suis dit comme
Huyghens, que la vibration doit se propager suivant la SÉRIE
des sphérules éthérées situées dans la direction du choc, —
absolument comme cela se passe dans une série de billes
d'ivoire en contact l'une avec l'autre.

Dans le son, au contraire, le corps vibrant, — *(lèvres,*
anche), — n'est plus de même ordre de grandeur que les
molécules de l'air mis en mouvement. *Le corps vibrant saisit*
une masse plus ou moins grande de cet air, fait une unité de
volume de cette masse, et cette unité de volume devient dans
son ensemble comme une sorte de grande molécule, — laquelle
exécute d'ailleurs les vibrations qu'elle reçoit comme le fait la
petite sphérule de l'éther dans la lumière.

Mais on conçoit que cette masse n'a pas l'homogénéité parfaite d'une sphère unique et que, par suite, les *phénomènes acoustiques ne reproduiront les phénomènes lumineux qu'avec l'imperfection inhérente à l'incohérence des nombreuses molécules qui y sont engagées. Les vibrations lumineuses sont l'idéal : les vibrations acoustiques n'en sont que la grossière ébauche.*

Cela posé, je ferai remarquer que mon but unique est de faire l'analyse purement physique des vibrations que le choc des molécules pondérables produit dans l'océan des impondérables, et de laisser les conséquences de cette analyse se *dérouler d'elles-mêmes,* sans prêter l'oreille au secret désir d'aboutir à l'explication de tel et tel phénomène.

La mécanique rationnelle seule a le droit d'intervenir dans l'analyse de ces conséquences.

Je ne ferai intervenir les mathématiques qu'autant que cela sera absolument nécessaire. Je veux faire de la physique *pure* et par suite j'emploierai le secours de figures nombreuses pour faire voir les phénomènes en eux-mêmes directement.

En physique, avec plus de vérité qu'en littérature, on doit pouvoir dire :

« Ce que l'on conçoit bien s'énonce clairement
« *Et les traits pour le peindre arrivent aisément.* »

Cette manière de procéder aura pour heureux résultat de mettre à la portée de toutes les intelligences, même de celles qui se bornent aux études élémentaires, les traités d'optique maintenant réservés pour les hautes études. Car l'explication des phénomènes fera image, — comme dit Poinsot, — et deviendra par là même abordable à la masse des esprits pour lesquels le domaine des mathématiques spéciales est

un sanctuaire actuellement gardé par deux sphynx qui les
épouvantent : le Calcul Différentiel et le Calcul Intégral.

Mais, je tiens à le faire remarquer en terminant ce préam-
bule, je n'attaque nullement les si belles et si fécondes formules qui ont rendu tant de services dans l'étude de l'optique.
Ce que je crois, c'est que cette analyse *physique*, dans laquelle j'ai très souvent suivi les procédés du calcul différentiel et intégral, sans en employer les formules, pourra fournir à l'optique mathématique une base qui certainement lui
fait actuellement défaut, et à laquelle elle n'a suppléé que
par des efforts de génie.

TRAITÉ
D'OPTIQUE PHYSIQUE

ANALYSE PHYSIQUE

DE LA MANIÈRE DONT SE PROPAGENT LES VIBRATIONS DANS UNE SÉRIE DE SPHÈRES ÉLASTIQUES

§ I.

Soit (FIG. 1) un anneau élastique C comprimé par une surface A contre un obstacle *immobile* P.

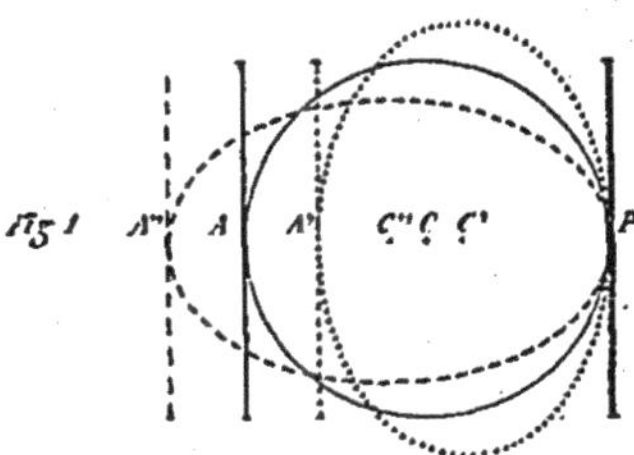

A s'étant avancée en A', C a pris la forme ovale C'. L'obstacle P étant immobile, *toute* la réaction élastique se fera du côté de A. Or l'anneau, dans sa réaction, ne s'arrêtera point dans sa forme circulaire normale; il prendra une forme ovale diamétralement perpendiculaire à la première : et par suite il dépassera sa position d'équilibre vers l'extérieur, d'une quantité égale à celle dont la surface A l'avait refoulé vers l'intérieur. Il prendra la forme ovale C'' telle que $A A'' = A A'$, abstraction faite de la perte d'énergie occasionnée par les résistances passives intérieures et extérieures aux molécules de l'anneau.

C'est exactement le cas du pendule, qui, oscillant dans le vide autour d'un point idéal, remonterait à une hauteur égale à celle de sa chute.

La surface A devra donc reculer d'une distance *double* de sa première oscillation, pour permettre à la réaction élastique de se réaliser complètement.

Si en revenant harmoniquement avec l'anneau, elle lui restitue à chaque poussée la petite perte que subit son amplitude d'oscillation, on conçoit quelle entretiendra indéfiniment la vibration de l'anneau.

Dans ces conditions, le centre oscillera de C' en C''.

§ II.

Au lieu de supposer l'obstacle P immobile, admettons (Fig. 2) que l'obstacle n'est formé que par d'autres anneaux de même élasticité que l'anneau vibrant B.

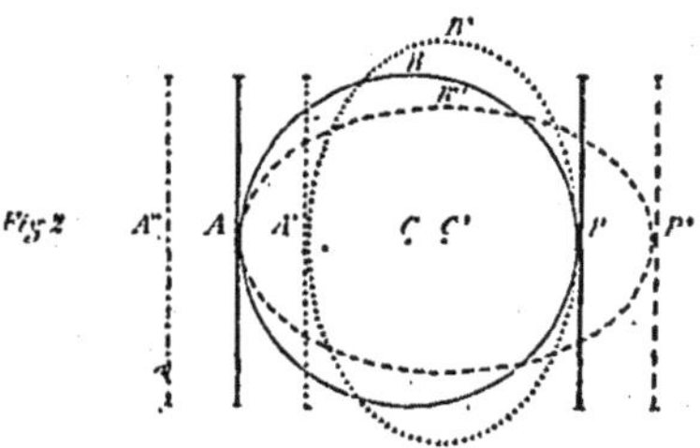

Dans ces conditions, — ou la surface A recule encore en A'', comme dans la première figure; — où elle s'arrête en A, à son point de départ.

Dans le premier cas, *toute* la réaction élastique se fera
à gauche, dans l'espace laissé libre par le recul de A′ en
A″, exactement comme dans la figure 1.

Dans le second cas, au contraire, la *surface ne reculant
que jusqu'à son point de départ A, avec sa vitesse de vibration
ordinaire, la* MOITIÉ *de la réaction élastique peut seule s'effectuer de ce côté; donc* L'AUTRE MOITIÉ *de la réaction se fera
vers la droite, de* P *en* P′.

Dans ces conditions le centre s'immobilisera en C′.

§ III.

Plusieurs anneaux réunis (Fig. 3), comprimés par leurs
pôles, se comporteront tous ensemble comme l'anneau B
de la figure 2.

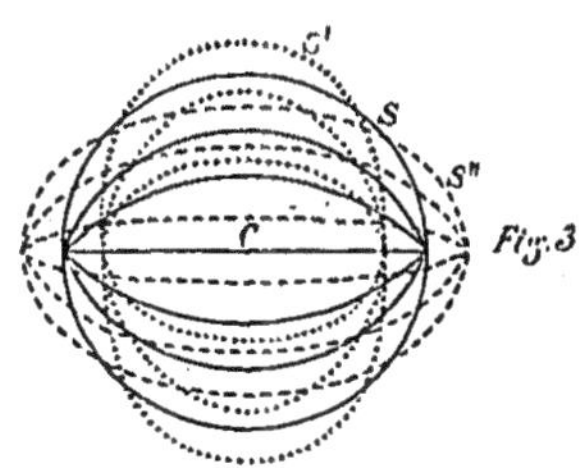

Et une sphère élastique complète donnerait encore le
même résultat physique en obéissant aux mêmes lois
mécaniques.

Sous la compression, la sphère S prendra une forme
aplatie S′ que nous appellerons *discoïdale*, et en réagissant
en S″ elle prendra une forme que nous appellerons
ovoïde

§ IV.

Soit maintenant (Fig. 4) une série de sphères élastiques
1,2..... 16, en contact l'une avec l'autre; analysons com-

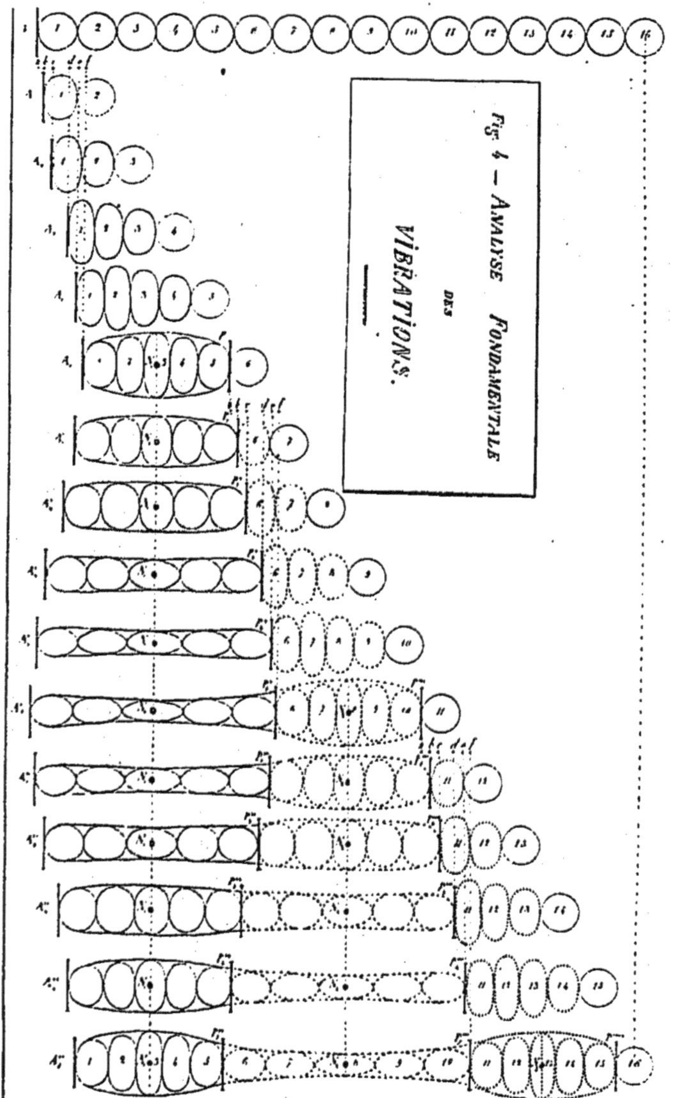

Fig. 4 — ANALYSE FONDAMENTALE
DES
VIBRATIONS.

ment elles se transmettront une série de vibrations harmoniques ou isochrones, d'une amplitude déterminée.

Soit A une lame vibrante dont l'oscillation a une amplitude $a...f$. Cette oscillation part de zéro mouvement en a pour arriver à zéro mouvement en f, en passant par une vitesse maxima au milieu de sa course. Pour faire notre analyse admettons que cette oscillation dure 5 secondes; que pendant la première et la cinquième seconde la lame parcourt les espaces égaux $ab = ef$; que pendant la 2e et la 4e seconde elle parcourt deux espaces encore égaux $bc = de$, mais plus grands que les premiers; et qu'enfin dans la 3e seconde elle parcourt un espace cd plus grand que tous les autres.

Pour combiner le jeu élastique des sphères avec ces 5 temps d'oscillation de la lame, remarquons que la vivacité de l'élasticité peut varier depuis l'extrême lenteur jusqu'à l'extrême vitesse; mais n'oublions pas que l'extrême vitesse n'est jamais l'instantanéité. Il n'y a pas de force instantanée. Quelle que soit la rapidité avec laquelle quelques grains de poudre font explosion, leur explosion sera plus rapide encore si on perfectionne leur contact en les agglomérant en un seul grain. A son tour la dynamite sera plus vive que la poudre, et tel autre explosif pourra dépasser encore la dynamite en rapidité.

Tout cela prouve *qu'il faut un temps d'une durée précise pour tout phénomène physique; et l'on conçoit parfaitement que cela doit être puisque dans tous ces phénomènes l'on est en présence du déplacement d'un être physique, ce qui ne peut se faire qu'avec du temps.*

D'un autre côté la réaction succède toujours à l'action.

Donc dans le jeu élastique d'une sphère nous devons préciser deux phases :

1o La phase d'action ou de compression produite par la

lame, et 2° la phase de réaction élastique opérée par la sphère.

Un autre point à noter est que nous sommes en droit de dire que les oscillations d'amplitudes différentes d'un anneau élastique doivent être isochrones, — comme celles du pendule; — comme celles d'un diapason qui donne la même note, c'est-à-dire le même nombre de vibrations par seconde, quelle que soit l'amplitude de ses oscillations.

Plus comprimée elle réagira avec une plus grande vitesse; mais l'espace à parcourir pendant cette réaction étant plus grand que pour une compression moindre, la durée du mouvement sera, sans aucun doute, la même.

Ces remarques faites, admettons pour préciser nos idées que la réaction élastique des sphères que nous mettons en jeu dure une seconde et a lieu dans la seconde qui suit l'action comprimante de la lame A.

Dans la 1re seconde la lame A parcourt ab et comprime la sphère 1 qui ne transmet encore rien à 2, puisque ce n'est que dans la seconde suivante qu'elle réagit.

Dans la 2e seconde, 1 transmet à 2 sa compression et reçoit une poussée plus grande de A$_2$ qui a parcouru bc.

Dans la 3e seconde, 2 passe à 3 la première compression; 1 passe à 2 la seconde compression et reçoit la compression maxima de A$_3$ qui a parcouru cd.

Dans la 4e seconde, 3 transmet à 4 la compression ab; 2 transmet à 3 la compression bc; et 1 transmet à 2 la grande compression cd tandis qu'elle ne reçoit de A$_4$ que la compression de.

Enfin dans la 5e seconde, 4 passe à 5, ab; 3 passe à 4, bc; 2 passe à 3, cd; 1 passe à 2, de et ne reçoit de A$_5$ que ef.

Nous arrivons ainsi à une onde condensée complète,

formée de 5 sphères; celle du milieu étant la plus comprimée. La lame vibrante est au terme de sa course. La
phase de compression est donc terminée. L'action générale est finie; c'est la réaction générale qui va avoir lieu.
Toutes les sphères actuellement *discoïdales*, forment un
tout solidaire, comme une sphère unique, et leur réaction,
s'harmonisant avec la durée des vibrations de la lame,
comme l'effet avec sa cause, va s'exécuter synchroniquement avec le retour de la lame en A_5'

§ V.

Remarquons maintenant qu'une lame vibrante est dans
les conditions de la figure 2.

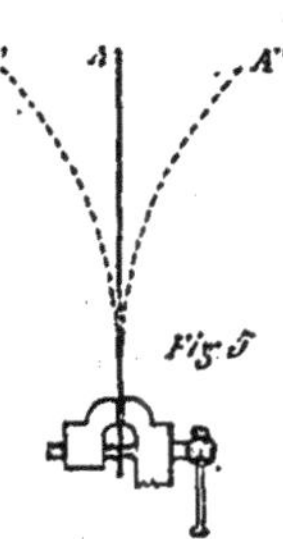

En effet, soit la lame A (Fig. 5) dans
sa position d'équilibre, le premier déplacement que j'opère de A en A' pour la
mettre en vibration ne compte pas ; c'est
l'oscillation totale de A' en A" d'amplitude
supposée permanente, qui doit être l'objet de l'analyse.

Cela posé, continuons notre analyse.

Il est de toute évidence que c'est précisément pendant
que la lame revient vers la gauche que la première onde
condensée se dilate. *Le retour de la lame et la réaction élastique des 5 sphères sont synchrones et isochrones. Les deux
phénomènes dureront 5 secondes. Et les phases successives
seront identiques de part et d'autre pendant ces 5 secondes;
car la réaction élastique des sphères, comme l'oscillation de la
lame, part de zéro mouvement pour arriver à zéro avec un
maximum de dilatation au temps moyen.*

Mais puisque la lame ne reculera pas plus loin que son
point de départ A_5, *la réaction élastique s'étendra autant
à droite qu'à gauche.*

Donc pendant que la lame retournera vers la gauche, les 5 sphères réagissant toutes les fois en 5″, exerceront des poussées égales sur leur droite et sur leur gauche; d'où deux conséquences.

1° Une nouvelle onde comprimée, identiquement semblable à celle que la lame avait formée dans sa première oscillation, va se réaliser sur les sphères (6. 7, 8, 9, 10).

Et 2° le centre de la sphère 3 de l'onde entière demeurera immobile pendant cette dilatation symétrique à droite et à gauche

§ VI.

Quand la lame reviendra de A_5' en A_5'' les sphères (1, 2, 3, 4, 5), se condenseront de nouveau en reprenant la forme *discoïdale.*

Cette fois la lame vibrante n'a d'autre travail à faire sur ces 5 premières sphères que de leur restituer la petite portion de force vive que les résistances passives ont enlevée à leur réaction élastique.

La seconde onde (6, 7, 8, 9, 10) elle-même, n'exige qu'un faible secours de la part de la lame. Elle va, à son tour, réagir autant vers la droite que vers la gauche.

Sa réaction de P_5' à P_5'' étant synchrone et isochrone *(abstraction faite du faible retard qui empêche la propagation instantanée du phénomène)* avec la compression de l'onde (1, 2, 2, 4, 5), trouvera là le point d'appui délicat nécessaire pour permettre à ses deux réactions de droite et de gauche de se faire avec une symétrie parfaite.

Donc son centre 8 s'immobilisera à son tour.

Sa réaction à droite va de son côté, au terme des mêmes 5 secondes, produire en P_5''' une troisième onde condensée (11, 12, 13, 14, 15) etc., etc.

Donc à chaque oscillation de la lame vibrante une nouvelle onde comprimée se forme dans la file des sphères élastiques.

§ VII.

Remarquons cependant que la continuation du mouvement de la lame A n'est pas nécessaire à cette propagation.

Si les sphères possèdent une élasticité aussi parfaite que possible, la lame ne ferait-elle qu'une double oscillation de a en f et de f en a, que la vibration se propagerait néanmoins à une distance plus ou moins grande suivant la nature du milieu.

Ce n'est, en effet, que par une série de vibrations, d'autant plus nombreuses que l'élasticité est plus parfaite, que les éléments d'un corps dérangés de leur position normale, reviennent à cette position.

La continuation du mouvement de la lame a pour effet d'entretenir le régime établi par une première vibration complète, c'est-à-dire par une compression et une dilatation des sphères formant une onde.

§ VIII.

NŒUDS. — VENTRES. — LONGUEUR D'ONDE

Examinons maintenant les résultats de notre analyse.

La dernière série A_5'' de la figure 4 nous montre des sphères 3, 8, 13, qui deviennent alternativement discoïdales et ovoïdes, *sans changer de place;* ce sont les NŒUDS.

Entre ces points fixes, elle nous montre d'autres points P_5'', P_5''', et P''' qui reproduisent les vibrations de la lame A_5''.

Les uns, comme P_5''' exécutent leurs vibrations dans

le même sens que la lame A_3'', allant à droite et à gauche en même temps qu'elle.

Les autres, comme P_3'' et P''' exécutent leurs vibrations en sens inverse de A_3'', allant à droite et à gauche quand elle va à gauche et à droite.

·· Ce sont les VENTRES.

Ces derniers points séparent les ondes comprimées des ondes dilatées. Nous sommes donc en droit d'y supposer des sphères qui ne sont ni comprimées ni dilatées. Elles nous serviront de points de repère.

Soient donc les figures 6 et 7 avec des sphères V_1, V_2, V_3, etc., conservées sphériques; ces sphères vont et viennent dans le sens de la propagation de l'onde, c'est à-dire changent de place sans changer de forme.

Elles exécutent des vibrations purement LONGITUDINALES, *comme la lame vibrante.*

Les sphères N_1, N_2, N_3,... etc... au contraire s'aplatissent et s'allongent, c'est à-dire changent de forme sans changer de place:

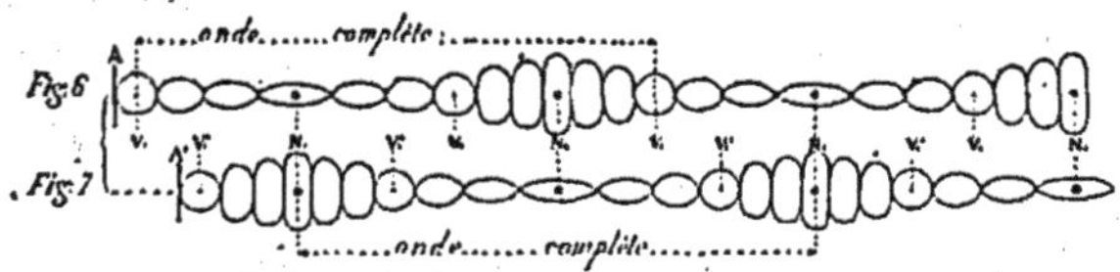

Quand elles deviennent DISCOIDALES, *comme* N_2, N_4 (FIG. 6,; *elles exécutent des vibrations purement* TRANSVERSALES, *absolument perpendiculaires à la marche du phénomène. Et quand elles deviennent* OVOIDES *comme* N_2, N_4 (FIG. 7), *elles exécutent des vibrations purement* LONGITUDINALES.

Une onde complète se compose évidemment de l'effet produit pendant l'aller et le retour de la lame A.

·Or quand la lame est de retour en A_3' (FIG. 4) l'effet

produit se compose d'une onde ovoïde (1, 2, 3, 4, 5), et d'une onde discoïdale (6, 7, 8, 9, 10); c'est-à-dire que dans la figure 6 l'onde complète s'étend de V_1 à V_3, comprenant l'onde dilatée $V_1 V_2$ et l'onde condensée $V_2 V_3$.

Mais les ventres V_1, V_3 étant toujours en mouvement ne sont pas commodes pour déterminer la longueur de l'onde. Il est donc préférable de mesurer l'onde de nœud en nœud, par exemple de N_1 à N_3 (Fig 7).

L'onde est alors composée de deux demi-ondes condensées, $N_1 V_2$ et $V_3 N_3$ et d'une onde dilatée $V_2 V_3$. Dans l'instant suivant cette même onde sera composée d'une manière inverse, mais la même en somme, comme on le voit dans la figure 6.

Les nœuds impairs N_1, N_3, N_5 (Fig. 7) seraient tous discoïdaux, et les nœuds pairs N_2, N_4, N_6 tous ovoïdes à la fois, si la propagation du phénomène était instantanée.

Mais de fait N_3 n'exécute pas sa vibration ovoïde en même temps que N_1; il y a un petit retard. Ce retard est double pour N_5; et, en parcourant la file des sphères, nous arriverions tôt ou tard à un nœud impair qui en serait encore à sa vibration discoïdale.

La distance de ce nœud à la source serait la vitesse ABSOLUE *de propagation.*

Une dernière remarque nous reste à faire pour avoir une idée claire sur les vibrations discoïdales et ovoïdes des nœuds.

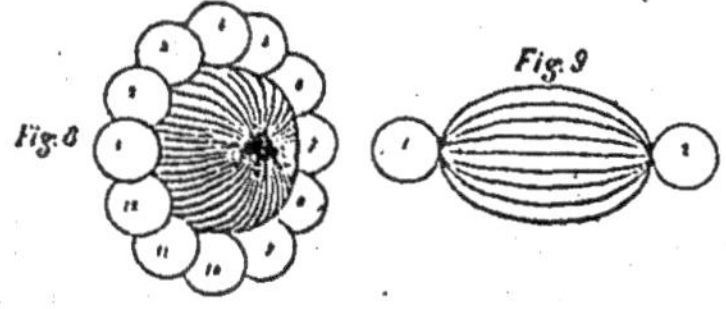

Dans la vibration discoïdale (Fig. 8), c'est-à-dire TRANS-

VERSALE PERPENDICULAIRE à la marche du rayon. *l'effort mécanique de la réaction élastique se disperse sur tout le contour du disque; se partageant entre un nombre plus ou moins considérable de sphères.*

Dans la vibration ovoïde, au contraire (FIG. 9) ce même effort mécanique se concentre en deux points dans le sens même de la propagation.

On conçoit donc que les vibrations transversales tout en produisant certainement dans le milieu ambiant, un frémissement particulier, normalement à la file des sphères, *ne déterminent pas cependant de rayonnements latéraux suivant les files des molécules qu'elles impressionnent;* et qu'au contraire les vibrations ovoïdes ou longitudinales *concourent d'une manière efficace à la propagation du phénomène.*

§ IX.

APPAREIL REPRODUISANT LA PROPAGATION DES VIBRATIONS

L'appareil représenté dans la figure 10 reproduit artificiellement, d'une façon saisissable à l'œil, ce qui se passe dans les vibrations telles que nous venons de les analyser.

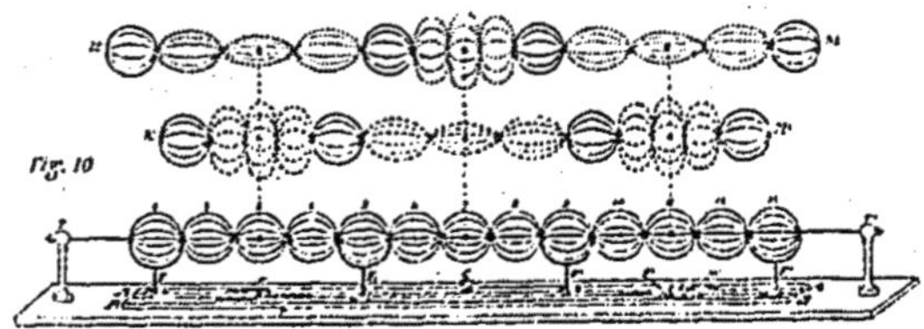

Deux règles A et B sont rendues solidaires de telle sorte que si à l'aide du bouton C on pousse la règle A vers la droite, la règle B va à gauche, et réciproquement.

Treize sphères formées par des ressorts de montre sont

libres d'aller et de venir sur un fil métallique porté par deux colonnettes T et T'.

Deux supports terminés par des fourches F et F' sont fixés sur la règle A; et les deux autres F, et F,' sont fixés sur la règle B.

Les sphères 1 et 9 sont commandées par les fourches F et F' et les sphères 5 et 13 par les fourches F, et F,'. Ces quatre sphères sont donc privées de l'exercice de leur élasticité.

Les sphères 2 et 4, 6 et 8, 10 et 12 sont construites avec des ressorts de même élasticité. Les sphères 3, 7 et 11 sont aussi faites de ressorts semblables mais d'une élasticité plus grande que celle des autres.

Il suit de ces dispositions que lorsque la règle A sera poussée à droite, les sphères 1 et 5 se rapprocheront pour comprimer 2, 3 et 4, tandis que 5 et 9 s'éloigneront pour étirer 6, 7 et 8. Et puisque 3 est moins résistante que 2 et 4 elle s'aplatira davantage. Pour la même raison, la sphère 7 s'allongera plus que ses voisines 6 et 8.

Les 13 sphères prendront donc la forme représentée en N N' donnant une onde dilatée entre deux ondes condensées.

Quand la règle A sera poussée à gauche, les sphères présenteront l'aspect représenté en M M'.

Avec cet appareil on peut donc, à loisir, se rendre compte des points suivants que l'extrême rapidité des vibrations sonores, même dans les notes les plus basses, ne permet pas d'oberver directement.

1° Les nœuds 3, 7 et 11 sont absolument fixes.

2° Les ventres 1, 5, 9 et 13 vont et viennent comme le corps vibrant lui-même. Les ventres impairs vibrent dans le même sens que la source et les nœuds pairs vibrent en sens inverse.

3° Dans les nœuds il y a des changements continus de densité, des condensations et des dilatations alternatives, sans que les sphères nodales 3, 7 et 11 changent de place.

4° Dans les ventres les sphères vont et viennent sans changement de densité.

5° En fixant son attention sur les sphères nodales 3, 7 et 11, on voit qu'au moment où elles s'aplatissent dans la condensation, elles produisent un effort transversal dans toutes les directions perpendiculairement à la marche du rayon. *Ce sont là des vibrations transversales s'exécutant dans tous les azimuts pour la lumière naturelle.*

6° Quand ces mêmes sphères nodales 3, 7 et 11 prennent la forme ovoïde, elles vibrent dans le sens de la propagation, c'est-à-dire *longitudinalement*.

7° Les sphères nodales vibrent donc successivement transversalement et longitudinalement.

8° Les sphères ventrales, au contraire, ne vibrent que longitudinalement, sans exercer aucune poussée transversale.

Tous ces résultats concordent parfaitement avec les expériences des flammes et du plateau de sable dans un tuyau sonore.

Les flammes restent immobiles en face des ventres parce que les molécules en s'aplatissant dans la condensation exercent des poussées latérales sur la baudruche.

L'appareil permet de comprendre avec une égale facilité pourquoi le plateau de sable introduit dans un tuyau sonore tremble dans les ventres et reste immobile dans les nœuds.

Le seul défaut de cet appareil est de ne point donner le retard de la transmission de l'ondulation. Les sphères 3, 7 et 11 y exécutent leurs vibrations ovoïdes et discoïdales avec un synchronisme parfait, ce qui n'a pas lieu dans la réalité.

§ X.

VITESSE DE PROPAGATION POUR DES ONDULATIONS DIFFÉ-RENTES DANS LE MILIEU DES IMPONDÉRABLES.

Comme l'analyse nous l'a indiqué, le nombre des sphères impressionnées par le choc de P. P′ (Fig. 4) est égal au quotient de la durée du choc par la durée du *moment d'élasticité* des sphères choquées.

Par moment d'élasticité, j'entends le temps qui s'écoule entre le commencement de l'action subie par une sphère élastique et le commencement de la réaction de cette sphère; c'est-à-dire le temps pendant lequel elle est purement passive; *ce temps est évidemment d'autant plus court que l'élasticité est plus parfaite, mais n'est jamais nul, comme nous l'avons dit dans l'analyse.*

Si le moment d'élasticité des sphères est une seconde, et si l'oscillation comprimante de la lame dure 20, 30, 40 secondes, il est évident que la compression aura le temps de s'étendre à 20, 30, 40 sphères De même encore, si l'os-cillation de la lame dure une seconde, et si le moment d'élasticité des sphères est un dixième, un centième, un millième de seconde, la compression envahira 10, 100, 1000 sphères pendant l'oscillation. *Donc plus le choc est rapide pour des sphères d'un moment d'élasticité donné, moins il y a de sphères envahies, mais en revanche elles sont plus aplaties.*

Ce que nous devons remarquer de plus maintenant, c'est que si nous considérons un temps fixe, 5 secondes par exemple, nous trouverons que dans *tous les cas*, l'effet du choc aura envahi le même nombre de sphères, quelle que soit la vitesse de vibration de P P', pourvu que le moment d'élasticité reste le même.

En effet, si le moment d'élasticité est de 1″, il est évident qu'en 5″ la compression réçue sera toujours transmise à 5 sphères, ni plus ni moins, quelle qu'ait été son intensité.

Si le choc dure 10″, son influence s'étendra sans doute à 10 sphères, mais au bout de 5″, c'est-à-dire au milieu de la course de P P', son influence ne sera encore parvenu qu'à la 5ᵐᵉ *sphère*.

De même, si le choc ne dure qu'une seconde, il n'y aura sans doute qu'une sphère d'aplatie; mais après 5″ cet aplatissement sera encore parvenu à la 5ᵐᵉ sphère.

Donc pour un milieu déterminé, — au moins pour le milieu impondérable de l'éther, — toutes les vibrations se propagent avec la même vitesse.

Remarquons que le raisonnement précédent est vrai même quand l'intensité et par là même l'amplitude des vibrations diminue.

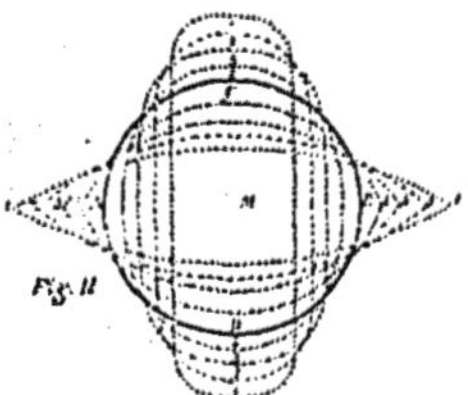

Soit (FIG. 11) une sphère élastique M abandonnée à elle-même après avoir été comprimée jusqu'à la forme discoïdale C, D,.

Si cette sphère est extrèmement élastique, — comme le sont les sphérules de l'éther qui exécutent des *centaines de milliards* de vibrations à la seconde, — elle ne rentrera au repos dans sa forme sphérique que par une série de vibrations discoïdales C_2 C_3 C_4 alternant avec les vibrations ovoïdes A_2 A_3 A_4.

Or, comme je l'ai déjà fait remarquer, *toutes ces vibrations d'amplitudes différentes sont isochrones.*

Par suite, même après que les corps pondérables, source de la vibration lumineuse, sont rentrés au repos, la série des sphères ébranlées par leur choc peut continuer pendant un certain temps à exécuter le même nombre de vibrations par seconde, mais avec des amplitudes décroissantes ; c'est-à-dire que la vibration ovoïde A_1 B_1 qui produit la propagation terminera successivement sa poussée longitudinale en B_2 B_3 B_4.

De même encore, on conçoit que deux sources lumineuses exécutent le même nombre de vibrations à la seconde sans y mettre la même intensité, c'est-à-dire la même amplitude. '

En ne tenant compte que de ce point de vue, on serait donc tenté de dire : *qu'un rayon qui s'éteint diminue de vitesse ; — et que de deux rayons lumineux d'intensités différentes le moins intense doit marcher le moins vite.*

Mais ce que j'ai dit au commencement de ce paragraphe fait comprendre que *les variations d'amplitude dans des vibrations isochrones ne produisent pas de variations de vitesse du moins quand il s'agit de chaleur, de lumière et d'actinie.*

La raison fondamentale en est que ces trois phénomènes se réalisent sur des files de sphères bien déterminées, se communiquant leurs impressions une à une avec une netteté parfaite.

Il s'ensuit que c'est de la *durée* de la vibration et non de son *amplitude* que dépend la propagation du phéno‑ mène.

Soit par exemple (Fig. 12) des files de sphères élastiques ayant toutes le même moment d'élasticité, la seconde.

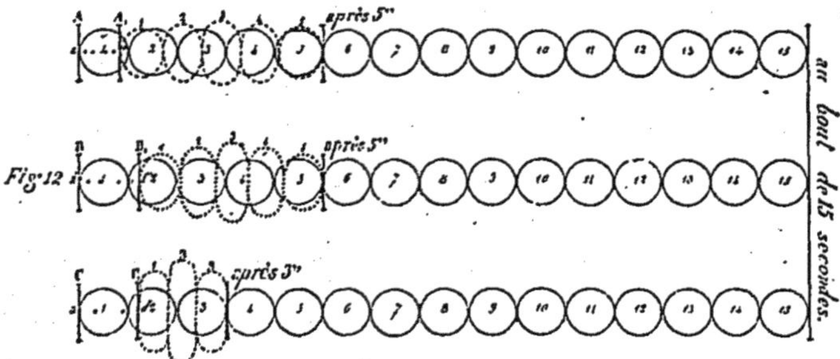

Fig. 12

En suivant la marche de l'analyse (Fig. 4), nous trouverons :

1° Que la lame A vibrant de a en f en 5″, la première onde condensée aura envahi les 5 premières sphères à la fin de l'oscillation.

2° Que la lame B vibrant en 5″ avec une amplitude $a'\,f'$ double de la précédente, la première onde condensée n'aura encore envahi que les 5 premières sphères pendant la première oscillation; l'onde est plus condensée, voilà tout.

3° Que la lame C faisant sa vibration $a\,d$ en 3 secondes, il n'y aura que 3 sphères de comprises dans la première onde condensée.

Mais cette compression n'ayant duré que 3/5 de seconde les ondulations A et B n'en sont encore qu'aux 3/5 de leur vibration quand C a fini la sienne.

Ce qui revient à dire qu'au bout de 15″ les lames A et B auront fait 3 vibrations, — que C en aura fait 5, et *que par conséquent au bout de ce temps les 3 vibrations différentes auront envahi 15 sphères.*

Donc la vitesse de la lumière ne doit pas varier avec l'intensité, c'est-à-dire avec l'amplitude des vibrations.

Mais pour les vibrations sonores il faut réserver la question, car les tranches de molécules saisies par la lame vibrante ne sont pas découpées d'avance avec la netteté des sphérules complètes individuelles de l'éther. Il n'y a pas de tranches élémentaires déterminées de telle épaisseur, pour recevoir les vibrations et se les transmettre.

L'épaisseur des tranches envahies par la vibration dépend de la rapidité, c'est-à-dire de l'intensité de cette vibration ; mais le rapport précis de ces deux éléments semble difficile à préciser théoriquement.

Cependant l'examen de la figure 13 permet de prévoir avec assez de certitude que la vitesse de propagation doit croître ici avec l'intensité.

Soient (Fig. 13) X X′ X″ trois tubes remplis d'un même gaz à la même pression.

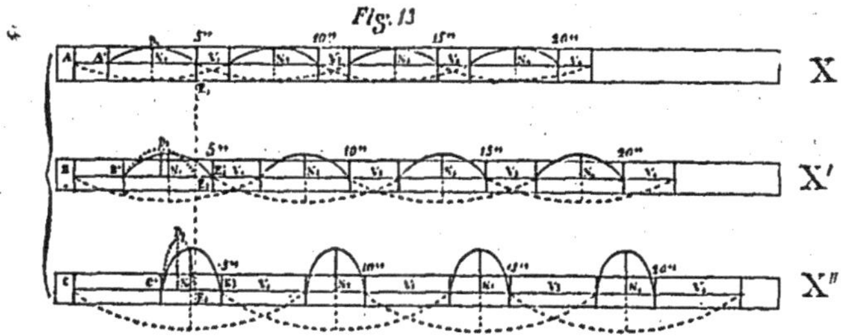

Soient trois lames A, B, C, vibrant synchroniquement avec des amplitudes différentes B B′ = 2 A A′ et C C′ = 3 A A′.

Si la durée de ces trois oscillations était de 5″ et si les tranches élémentaires dont le moment d'élasticité est 1″ étaient isolées les unes des autres et nettement séparées, comme dans l'éther par rapport à la lumière, nous devrions dire encore qu'au bout de $5''$ la compression n'aurait envahi que 5 tranches et que *par conséquent la propagation serait parvenue à une même distance E_1 E_2 E_3 dans les trois tuyaux.*

En représentant par des ordonnées, — non pas l'intensité de la *vitesse de vibration,* ce qui n'a pas de sens, — mais *l'intensité de la compression* dans chacune de ces ondes, nous aurions les 3 ordonnées D_1 D_2 D_3 indiquant le rapport croissant des trois condensations.

Mais le milieu étant continu, il est *plus que probable* que la poussée de B se fera sentir plus loin que E_2, qu'elle ira par exemple jusqu'en E_2' en produisant une onde B' E_2' moins comprimée que D_2.

Et que de même la poussée de C au lieu d'avancer son flot jusqu'en E_3 seulement, le prolongera jusqu'en E_3' par exemple, en donnant une onde condensée C_3' E_3' moins comprimée que D_3, mais plus comprimée que l'onde B' E_2' produite par B.

B a donc déjà au bout d'une première oscillation une avance E_2 E_2' sur A ; et C en a une plus considérable encore ; E_3 $E_3' \rangle E_2$ E_2'.

Ces 3 ondes condensées, en se détendant à droite et à gauche de leur centre N_1, vont, pendant que les lames retourneront à gauche, produire à droite 3 nouvelles ondes condensées N_2, qui nous montrent qu'au bout de $10''$ les avances de B et de C se sont doublées.

Après $20''$ elles sont quadruplées.

Nous pouvons donc présager que la vitesse de propagation augmente avec l'intensité pour les ondes sonores.

§ XI.

CYLINDRE DE PROPAGATION.

Comme nous venons de le voir : *plus les vibrations sont rapides plus l'onde est courte;* mais si une grande intensité du choc donne une onde plus courte, en revanche les disques sont plus aplatis et par là même ils sont plus larges.

Soit par exemple (Fig 14) un rayon rouge et un rayon violet.

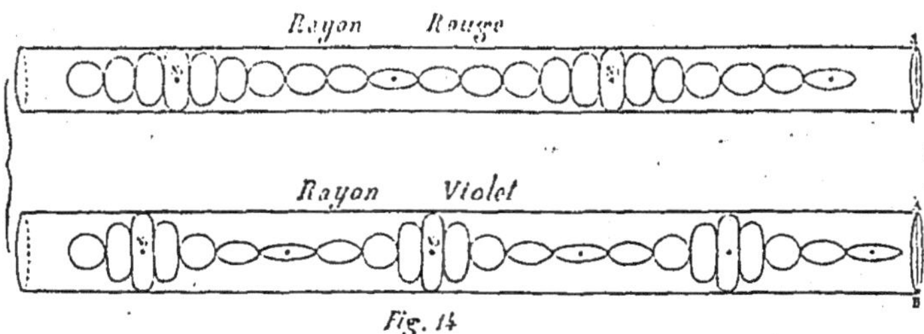

Fig. 14

Le rayon violet n'ayant que 423 millionièmes de millimètre de longueur d'onde $N_1 N_3$, tandis que le rouge a son onde $N_1 N_3$ égale à 620 millionièmes de millimètres, les sphères sont nécessairement plus aplaties dans le violet que dans le rouge, comme l'indique la figure.

Donc le diamètre A B du cylindre circonscrit au rayon violet est plus grand que le diamètre $a\,b$ du cylindre circonscrit au rayon rouge.

Conséquemment nous devons nous représenter toutes les

radiations émanées d'une source lumineuse comme ayant ce que j'appellerai des cylindres de propagation différents, dont les diamètres·sont en rapport direct avec les nombres de leurs vibrations respectives ou en rapport inverse avec leurs longueurs d'onde.

CHAPITRE II.

RÉFRACTION

AU PASSAGE DES VIBRATIONS D'UN MILIEU DANS UN AUTRE

§ I.

IDÉE SOMMAIRE DU PHÉNOMÈNE

Soit un rayon se propageant suivant une série de sphères sous l'inclinaison B par rapport à la surface M N d'un nouveau milieu (Fig 15).

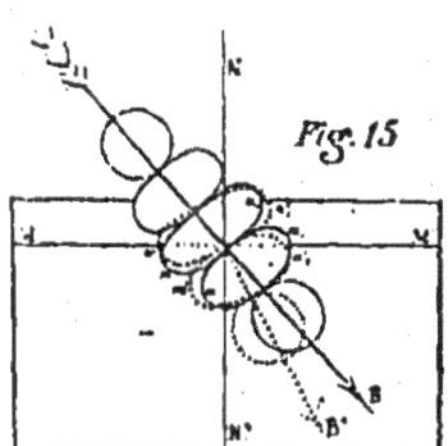

Fig. 15

Au moment où le front d'onde arrive, les sphères vibrantes se heurtent contre le nouveau milieu par les côtés antérieurs m, n, de leurs disques, tandis que les côtés symétriques m' n' sont encore aux prises avec l'ancien milieu.

Si donc le nouveau milieu offre à leurs vibrations une résistance plus grande que celle qu'elles éprouvent de la part de l'ancien, *elles butteront et chavireront* du côté du nouveau ; — comme l'homme qui en courant heurte le *pied* contre un obstacle et tombe la tête en avant.

Mais le plan discoïdal des sphères ayant ainsi tourné autour de son centre leurs vibrations ovoïdes s'exécuteront dans la direction B′ perpendiculaire à la nouvelle position de ce plan discoïdal, au lieu de s'exécuter dans la direction primitive.

L'ondulation dans ce cas se rapprochera donc de la normale N N′.

Le contraire aurait lieu si le nouveau milieu résistait moins que celui d'où arrive le rayon. Ce serait le cas de l'homme qui en courant se choque la *tête* contre un obstacle, tombe à la renverse et lève les pieds en l'air.

L'ondulation dans ce cas se relèverait en s'éloignant de la normale.

§ II.

ANALYSE DE LA DIFFÉRENCE DES RÉSISTANCES DES DEUX MILIEUX. — VARIATIONS DE SON INTENSITÉ

Mais précisons ce qui passe dans cette transition d'un rayon d'un milieu dans un autre.

Comme nous l'avons vu (Fig. 14), toute ondulation a son cylindre de propagation propre, distinct ; d'autant plus large que l'onde est plus courte.

C'est à l'intersection de ce cylindre avec la surface de

séparation M M' des deux milieux (Fɪɢ. 16) que le phénomène que nous étudions va se passer, et comme tout ceci
s'exécute dans l'infiniment petit, assimilons le front du
cylindre de propagation à une surface plane.

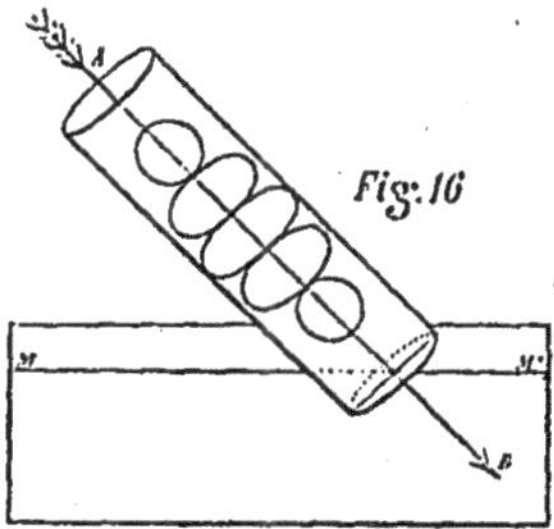

L'axe R L du cylindre (Fɪɢ. 17) est le foyer, le centre
de propagation. C'est là que la vitesse absolue de propagation agit dans toute son énergie. C'est là que les sphères
élastiques, passant de la forme discoïdale à la forme
ovoïde, viennent concentrer dans leurs deux points
extrêmes toute l'intensité de leur réaction élastique,
comme nous l'avons vu au sujet de la figure 9.

Considérons les différentes phases par lesquelles le front
A B d'une onde passe en pénétrant dans un nouveau
milieu.

Dans l'instant représenté par le (1) figure 17, c'est le
segment $C A C_i$, du front de l'onde qui est engagé dans le
nouveau milieu.

Menons la corde $m\,n$ symétrique de la corde $c\,c_i$; le segment m B n est égal à $C A C_i$.

L'ancien milieu exerce sur la surface mitoyenne $C\,m\,n\,C_i$
des résistances élémentaires symétriquement disposées
par rapport au centre de propagation R; toutes ces résistances se font donc équilibré; elles agissent sur la vitesse
de marche du rayon sans la faire dévier de sa route.

Mais si nous considérons les deux segments C A C, et
m B n, nous trouvons que les résistances inégales des
deux milieux sont en lutte et doivent avoir pour résul-

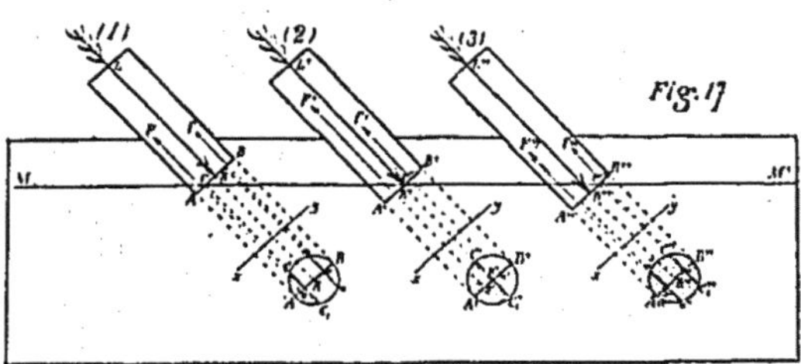

tat de faire basculer le disque frontal de l'onde autour du
centre de propagation R.

En effet, si le nouveau milieu résiste plus que l'ancien,
nous aurons par exemple F et f pour résultantes des résistances des deux milieux sur les deux segments, et la
résultante de ces deux forces F et f sera égale à l'excédent
de la force F sur f, appliquée au point B : c'est l'analogue
de l'excédent de charge dans la balance.

Et cette dernière résultante, agissant en sens contraire
de la force de propagation qui réside en R, fera basculer
le disque frontal et rapprochera par là même de la normale le rayon qui sort perpendiculairement de ce disque.

Dans la position (2), nous trouvons que les résistances
F' et f' des deux milieux sont au maximum de leur puissance. Les deux segments sont à ce moment les deux
moitiés du front de propagation.

Dans la position (3) les deux segments $m'' A'' n''$ et
$C'' B'' C_{\prime}''$, se retrouvent dans les conditions de la position (1). La résultante des résistances F'' et f'' est la
même que celle de F et de f. La différence entre ces deux

positions est dans la partie m'' n'' C$_1''$ C$''$. C'est le nouveau
milieu qui agit maintenant sur cette partie mitoyenne, et,
comme dans le premier cas, le résultat de sa résistance
est de modifier la vitesse de propagation sans la dévier.

De cette analyse concluons que dès l'instant où le disque
frontal d'une ondulation pénètre dans un nouveau milieu,
une force égale à la *différence des résistances des deux milieux
prend naissance sur le côté du disque qui plonge dans le milieu
le plus résistant et lutte contre la force centrale de propagation pour faire dévier le rayon du côté où elle agit. — Cette
force déviatrice varie de 0 à un maximum pour redescendre à 0.*

Contentons-nous d'examiner la première phase de l'immersion jusqu'au point maximum, c'est-à-dire jusqu'au
moment où le front du cylindre de propagation est à
moitié plongé dans les deux milieux. La seconde phase
n'étant que la répétition de la première, en sens inverse,
donnera évidemment le même résultat.

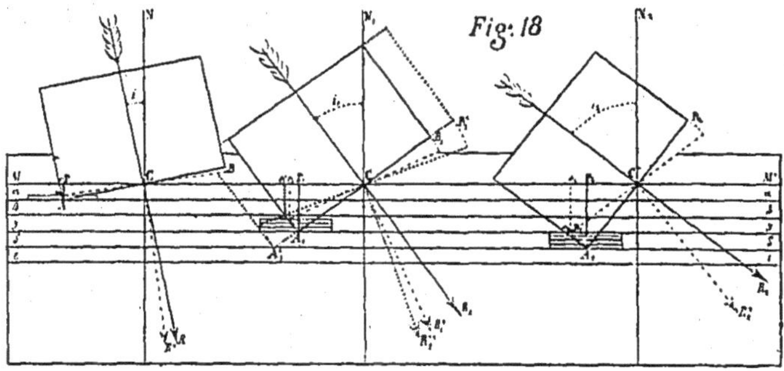

Imaginons le nouveau milieu (Fig. 18), partagé en
tranches infiniment minces, parallèles à la surface,
α, β γ... etc., et considérons trois rayons R, R$_1$, R$_2$ de
même espèce, c'est-à-dire ayant le même cylindre de pro-
pagation, pénétrant dans ce nouveau milieu sous des incidences différentes i, i_1, i_2.

Pour arriver au point maximum représenté dans la figure, R n'a eu que la couche α à pénétrer; — R_l a dû pénétrer les 3 couches α, 6, γ; — et R_2 en a pénétré 4 : α, 6, γ, δ.

. Or on conçoit que toutes les couches élémentaires doivent produire isolément le même effet.

Donc :

1° Si la première couche α — pour deux milieux déterminés, l'air et l'eau par exemple, — a retardé le côté A sur le centre C d'une quantité $A\,m = \dfrac{A\,P}{4}$, les 3 couches α, 6, γ produisant successivement le même effet sur le rayon R, retarderont R_l d'une quantité $A_l\,m_l$ 3 fois plus grande que $A\,m$ et telle par conséquent que l'on a encore $A_l\,m_l = \dfrac{A_l\,P_l}{4}$. Pour la même raison, les 4 couches pénétrées par R_2 retarderont A_2 de $A_2\,m_2 = 4\,A\,m$ c'est-à-dire, de $A_2\,m_2 = \dfrac{A_2\,P_2}{4}$.

Donc 2° Les déviations du front du cylindre seront proportionnelles aux profondeurs auxquelles pénètre le rayon A C de ce front pour les différents angles d'incidence.

Or ces profondeurs se mesurent nécessairement par les lignes $A\,P$; $A_l\,P_l$; $A_2\,P_2$, perpendiculaires à la surface du nouveau milieu et l'on a dans tous les cas :

$$A\,P = A\,C.\ \mathit{sin\ i}.\ (1)$$

Donc le retard $A\,m$ est proportionnel à A C. $\mathit{sin\ i}$.

C'est-à-dire que pour deux milieux déterminés qui ont un $A\,m$ fixe, de deux rayons qui ont des cylindres de propagation différents, *celui-là sera le plus dévié qui aura le front le plus large : Donc les sept couleurs seront inégalement déviées; et ce sera le violet qui le sera le plus.*

Et pour un même rayon ayant un A C *fixe, la déviation sera simplement proportionnelle à sin i.*

Remarque — Au lieu de considérer l'effet direct $A_2\, m_2$ produit par les résistances successives des couches élémentaires, on peut considérer la nouvelle perpendiculaire réduite D E. Au lieu de dire que $A_2\, m_2 = \dfrac{A_2\, P_2}{4}$, on peut dire $D\,E = \dfrac{3}{4}\, A_2\, P_2$ et comme D E est le sinus de réfraction on a :

$$\frac{\sin r}{\sin i} = \frac{3}{4} = n \text{ en général.}$$

Pour deux milieux donnés, ce rapport n sera à déterminer par l'expérience, car théoriquement rien ne peut le faire prévoir. Il dépend des différentes aptitudes que possèdent les différents molécules pondérables à recevoir les vibrations des sphérules éthérées.

Comme on le voit, l'analyse des vibrations harmoniques telle que nous l'avons faite, nous permet de découvrir *à priori* le grand phénomène de la dispersion que la théorie des ondulations ne peut expliquer en aucune façon.

Elle accepte le phénomène qui lui est imposé par l'expérience et se contente forcément de dire que les différentes radiations se séparent par la réfraction *parce qu'elles sont plus réfrangibles les unes que les autres.*

Dire qu'elles se séparent *parce qu'elles ont des vitesses différentes de propagation,* ce n'est que reculer le problème sans le résoudre. Car il reste à expliquer pourquoi elles ont des vitesses différentes dans un même milieu.

§ III.

DÉCOMPOSITION D'UN FAISCEAU DE VIBRATIONS SOLAIRES
PAR LA RÉFRACTION

La formule (1) vient de nous dire que la déviation est fonction de A C, c'est-à-dire du rayon de cylindre de propagation.

Soit par exemple (Fig. 18) les deux rayons A_i B_i et A_i' B_i' arrivant dans le milieu M M′ sous le même angle d'incidence i_i. Le rayon A_i B_i n'a que trois couches élémentaires à pénétrer tandis que A_i' B_i' en a 4. Donc ce dernier subira 4 déviations élémentaires tandis que A_i B_i n'en subira que 3; le sinus de réfraction du premier sera c_i', et celui du second c_i. Les deux radiations se sépareront donc et donneront R_i' et R_i''.

Or les faisceaux de vibrations qui nous viennent du soleil, par exemple, nous présentent une immense variété de rayons ayant des cylindres de propagation différents : *la déviation sera donc différente pour tous ces différents groupes, même quand ils auront le même sinus d'incidence.*

Ceux qui ont le plus grand diamètre discoïdal et par là même la plus petite longueur d'onde, *seront les plus déviés.*

Or, à l'aide du prisme, où les rayons sont séparés deux fois l'un de l'autre, à leur entrée dans le verre et à leur

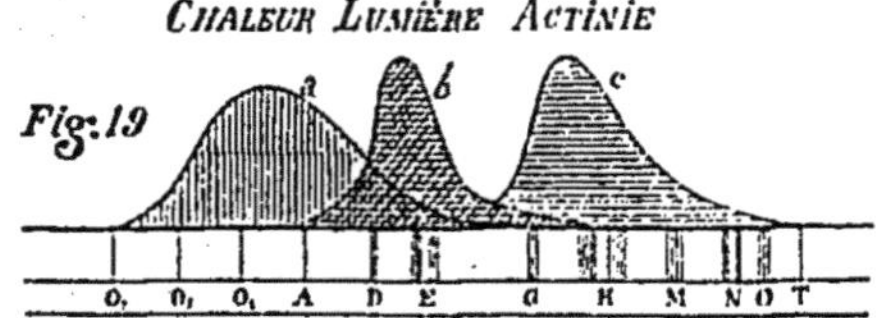

sortie, on trouve (Fig. 19) qu'un faisceau de radiations solaire se décompose en TROIS grands faisceaux de vibrations que l'on appelle :

L'ACTINIE, LA LUMIÈRE et LA CHALEUR

1° ACTINIE

On a d'abord les rayons *actiniques* ou *chimiques*, réunis dans la courbe C. Ils sont les plus déviés. Donc ils ont les plus grands fronts de cylindre de propagation et par suite *les plus petites longueurs d'onde*.

Ils ne sont guère sensibles à nos organes. Ils ne produisent sur notre rétine qu'une sensation de couleur grisâtre. Ce sont eux qui dissocient les sels d'argent dans la photographie et qui, *très certainement*, jouent dans la fabrication de la *chlorophylle* un rôle d'une importance telle que sans eux les végétaux ne pourraient en former la moindre molécule.

2° LUMIÈRE

Après viennent les radiations *lumineuses* indiquées dans la courbe *b*. Le violet est le plus dévié du côté de l'actinie, et le rouge le moins du côté de la chaleur. Donc en montant du violet au rouge, les longueurs d'onde des vibrations deviennent de plus en plus grandes.

La violet est la note la plus aiguë et le rouge la note la plus basse de la gamme chromatique.

Tout le monde sait les merveilles que la lumière opère chaque jour autour de nous dans le monde.

3° CHALEUR

Après le spectre lumineux viennent les vibrations *caloriques* obscures, réunies dans la courbe *a*.

Ce sont les moins déviées ; donc ce sont elles qui ont les plus grandes longueurs d'onde.

Nous étudierons ailleurs comment ces vibrations caloriques se transforment en *travail mécanique*.

Actinie, Lumière et Chaleur, telles sont donc les trois catégories de vibrations que nous trouvons de fait dans les

ébranlements que le choc des corps pondérables, com-
mandés par l'affinité, détermine au sein de l'éther impondérable

NOTA. — Elles ont toutes les trois une seule et même
nature; mais elles diffèrent par leur manière d'être et par
leurs rôles parfaitement définis.

§ IV.

VITESSE DE PROPAGATION DANS UN MÊME MILIEU

PONDÉRABLE

La théorie des ondulations n'a pas abordé la question
de la *décomposition* de la lumière par la réfraction et cela
pour une bonne raison : c'est que cette théorie ne fournit
aucune donnée physique qui permette d'expliquer ce phénomène.

La seule base sur laquelle on s'appuie pour expliquer
la réfraction est l'hypothèse de la différence de vitesse de
l'ondulation dans les deux milieux.

Mais il est évident que le changement de vitesse ne
peut être par lui même la *cause de la déviation.*

Je doute qu'on puisse démontrer mécaniquement qu'une
flèche très fine, sans front de propagation, se rapprochera
de la normale, en pénétrant obliquement sous l'eau *parce
que sa vitesse s'y ralentit.*

Ces deux phénomènes sont deux effets concomitants qui
doivent avoir une cause *commune.* Il y a entre eux une
relation de coexistence et non une relation de cause à
effet.

A ce propos je citerai le passage suivant de Verdet, t. II, p. 593.

« Les valeurs des indices de réfraction des métaux sont
« de nature à surprendre et à jeter du doute sur la théorie;
« car il semble étrange que dans des métaux l'indice de
« réfraction soit inférieur à l'unité, c'est à-dire que la
« vitesse de propagation soit plus grande que dans le vide.
« Cependant il ne faut pas attacher à cette remarque une
« trop grande importance.

« *Ce qui est la réalité, c'est que la force vive de l'éther se*
« *communique à la matière pondérable du métal, dans un*
« *très petit espace (???) d'une manière qu'on ne connaît pas;*
« *car dans cet espace la matière n'a pas la même densité*
« *dans tous les sens, et c'est cet état qu'on représente d'une*
« *manière tout à fait fictive par une propagation de la*
« *lumière suivant une certaine loi:*

« Rien ne prouve donc que la quantité qu'on choisit
« pour représenter la vitesse de propagation de ce mouve-
« ment corresponde à une vitesse réelle. »

Je conclus de ce passage que la théorie des ondulations elle-même ne se sert du changement de vitesse de la lumière que comme d'un moyen se prêtant à la mise en équation du phénomène de la réfraction, sans pouvoir d'ailleurs assigner une cause à ce changement de vitesse. C'est pourquoi elle a dû se contenter de dire que les couleurs sont plus réfrangibles les unes que les autres, sans pouvoir expliquer le phénomène.

L'analyse physique que je viens de faire, au contraire, m'impose, *à priori*, cette conclusion, à savoir : que *les radiations chimiques, lumineuses et caloriques ne se propagent pas avec la même vitesse dans un même milieu pondérable.*

Toutes ces radiations ayant un cylindre de propagation propre, je suis en effet dans l'obligation d'admettré que les radiations les plus énergiques se propagent moins vite que les autres.

Comme on le voit, les conséquences logiques de mon analyse sont encore ici d'accord avec les faits. Et comme je le disais, *les variations de vitesse* ne sont point la cause des *variations de réfrangibilité*. Ces deux phénomènes sont des conséquences parallèles d'une même cause : *Le diamètre frontal du cylindre de propagation*.

CHAPITRE III

___

INTERFÉRENCES

Soient deux rayons A B et A′ B′ (Fig. 20) ayant la même longueur d'onde $N_1 N_3 = N_1′ N_3′$, mais tels que

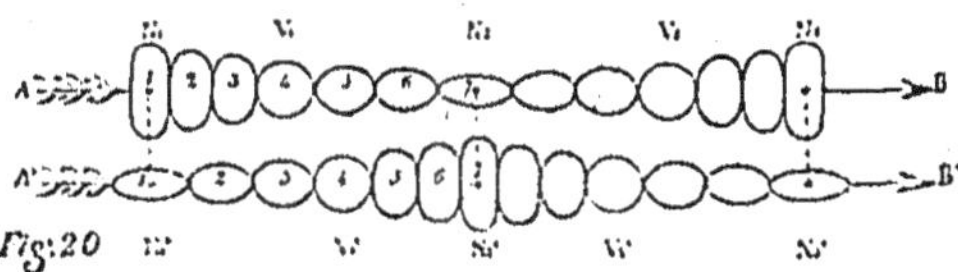
Fig. 20

A′ B′ est en retard d'une demi onde sur A B; c'est-à dire tels que leurs nœuds concourants soient discoïdaux dans l'un et ovoïdes dans l'autre.

Supposons que ces deux ondulations (Fig 21) soient forcées à entrer l'une dans l'autre, c'est-à-dire à s'exécuter

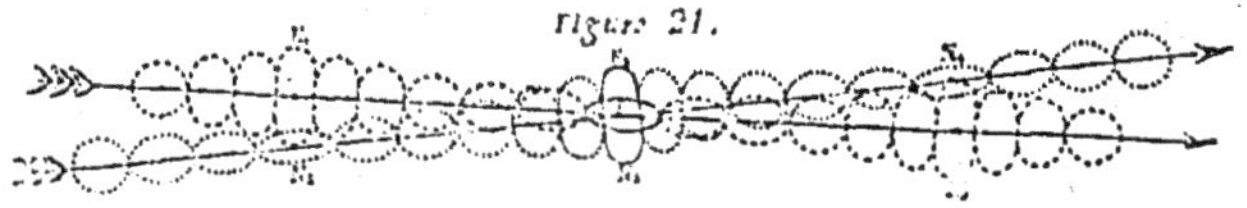
Figure 21.

sur une même série de sphères élastiques, au lieu de continuer leur marche dans deux séries de sphères séparées; il est évident que chacune des sphères qui seront envahies par ces deux ondes discordantes va se trouver dans *l'impossibilité* d'exécuter les deux vibrations contradictoires

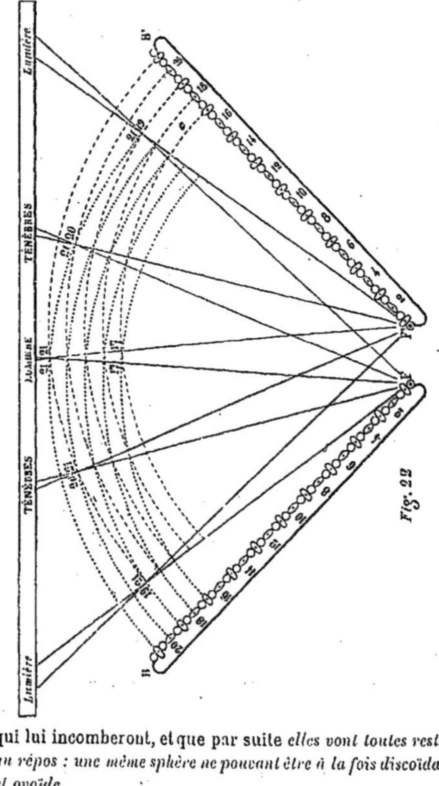

qui lui incomberont, et que par suite *elles vont toutes rester
au repos : une même sphère ne pouvant être à la fois discoïdale
et ovoïde.*

Les deux vibrations se seront donc éteintes l'une l'autre, et finalement de la lumière ajoutée à de la lumière aura donné des ténèbres.

Pour que ce phénomène se produise, il faut que les deux ondulations arrivent presque parallèlement (Fig 21) et que l'une soit en retard sur l'autre de quantités que nous allons préciser.

Soient F et F' (Fig. 22) deux sources lumineuses parfaitement synchrones et isochrones, c'est-à-dire émettant leurs vibrations aux mêmes instants précis et les émettant avec la même intensité, avec la même longueur d'onde.

Supposons même, pour mieux saisir l'analyse du phénomène, qu'elles n'émettent qu'une seule radiation simple d'une longueur d'onde bien déterminée.

Soient F B et F' B' deux rayons émanés de ces deux sources à un instant donné, les nœuds pairs de la source F_i — et les nœuds pairs de la source F'' seront, *aux mêmes instants à des distances égales de leurs sources.*

Photographions-les, immobilisons-les sur deux règles mobiles autour des points F et F'; — et, en faisant tourner ces deux règles, nous pourrons étudier à loisir les différentes superpositions des ondes.

1°. — Dans la position moyenne, les distances du point de rencontre aux deux sources étant égales, les nœuds de même ordre et par conséquent de même forme coïncident. Les nœuds impairs discoïdaux 21 et 21' interfèrent.

Mais ces vibrations sont de même nature; elles ne se gênent donc point : *c'est de la lumière véritablement ajoutée à de la lumière.*

L'intensité sera la somme de celles des deux sources F et F'.

La différence de marche des rayons, D, est nulle.

$$D = 0.$$

Il en sera ainsi pour toutes les rencontres centrales, comme 17 et 17.

2° — Dans les positions à droite et à gauche du centre, nous voyons que les nœuds impairs coïncident avec les nœuds pairs immédiatement voisins : 21 avec 20 à droite; et 20 avec 21 à gauche.

Et comme une même sphère ne peut être à la fois disccïdale et ovoïde, *les 2 vibrations se détruisent et donnent des ténèbres.* La différence de marche est égale à la longueur qui sépare un nœud impair du nœud pair voisin, c'est-à dire à une demi-longueur d'onde.

D étant la différence de marche et l la longueur d'onde, nous avons dans ce premier cas de ténèbres :

$$D = 1\,\frac{l}{2}.$$

3° — Dans les positions suivantes, les nœuds impairs se retrouvent encore ensemble, ainsi que les nœuds pairs : 19 et 21 ou 18 et 20 à gauche; 21 et 19 ou 18 et 20 à droite; donc *Lumière.*

$$\text{on a } D = 2\,\frac{l}{2}.$$

4° — Dans les positions suivantes on aura encore coïndence des nœuds impairs avec les nœuds pairs : donc *Ténèbres.*

$$\text{et l'on aura : } D = 3\,\frac{l}{2}.$$

Donc, en généralisant, il y aura *Lumière* quand la différence des distances du point de concours des rayons aux deux sources sera un nombre *pair* de demi-ondes :

$$D = n.\,\frac{l}{2}; \; n \text{ étant un nombre pair ou } 0.$$

Et il y aura *Ténèbres* quand cette différence sera un nombre *impair* de demi ondes.

$$D = (n + 1)\frac{l}{2}.$$

Ce phénomène ne peut se produire avec deux sources distinctes, car le synchronisme des vibrations ne peut persister.

Soient par exemple deux foyers lumineux dans lesquels l'oxygène brûle le carbone, il est impossible que l'attaque des molécules de carbone s'exécute en cadence, avec un ensemble parfait dans les deux foyers. Cette attaque, en effet, dépend des positions relatives du comburant et du combustible, et quelque petites que soient les dimensions du foyer de combustion, les molécules ont toujours assez de latitude pour aller, venir et tourbillonner en s'attaquant, ce qui rend nécessairement irrégulière l'émission des ondulations.

Pour obtenir deux rayons synchrones, on se sert de deux miroirs très obliques, M N, M P (Fig. 23).

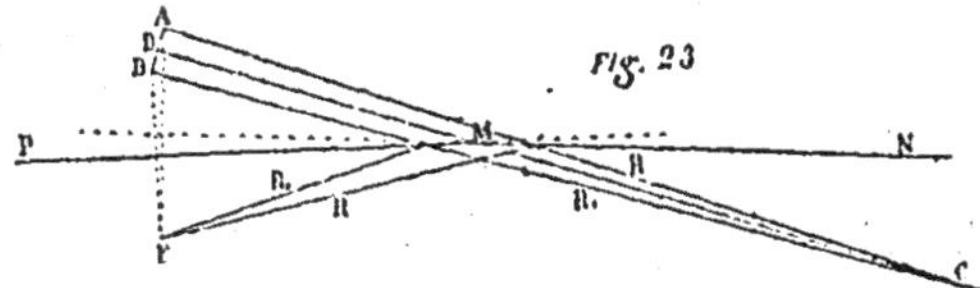

Les deux rayons R, R, réfléchis par ces deux miroirs convergent comme s'ils venaient des deux sources A et B, bien qu'ils émanent d'un foyer unique F.

Les rayons R et R, qui se rencontrent sur la perpendiculaire C D élevée au milieu de A B ont nécessairement parcouru le même chemin; par conséquent ils donnent une lumière égale à leur somme.

Tous les autres rayons réfléchis par P M N reproduiront les mêmes phases analysées dans la figure 22.

Si au lieu de faire interférer deux rayons de même couleur, on se sert de lumière blanche, le phénomène se complique un peu, en se réalisant pour chacune des couleurs simples isolément.

Le violet ayant la longueur d'onde la plus petite, il est évident que ce sera cette *couleur qui s'éteindra la première* à droite et à gauche de la position centrale L.

Il s'en suit que l'on aura des *tranches colorées*.

Comme nous l'indique la figure 22, la première ligne ténébreuse qui paraitra à droite ou à gauche du centre

lumineux C viendra de l'interférence de deux rayons A T, B T, tels que A T est en retard sur B T d'une demi-longueur d'onde; c'est-à-dire que l'on a :

$$A T - B T = D = 1 \frac{l}{2}.$$

Or il est facile de calculer cette différence D = A T − B T.

Du point T comme centre, traçons l'arc B E avec B T comme rayon; A E est la différence $D = \frac{l}{2}$ qu'il s'agit de calculer.

Vu que l'obliquité de A T par rapport à D C est toujours très grande, et que A E est dans l'infiniment petit, nous avons le droit de regarder B E comme une droite perpendiculaire sur A T et nous avons :

$$A E = A B. \; sin \; A B E.$$

Or l'angle A B E peut être regardé comme égal à l'angle T D C dont les côtés sont perpendiculaires aux siens. Et cet angle T D C peut se calculer à l'aide de C D, distance de l'écran aux deux sources lumineuses; — et de T C, distance du centre lumineux principal à la première ombre sur l'écran; car l'angle T C D étant droit on a :

$$T\,C = C\,D.\ tg.\ T\,D\,C.$$

En suivant cette marche, on a pu calculer la valeur de l pour les différentes couleurs :

Pour le rouge, $l = 620$ millionièmes de millimètre.
Pour l'orangé, $l = 583$ —   —
Pour le jaune, $l = 551$ —   —
Pour le vert, $l = 512$ —   —
Pour le bleu, $l = 475$ —   —
Et pour le violet, $l = 423$ —   —

Comme d'ailleurs la vitesse de la lumière est de 77,000 lieues par seconde, on peut en divisant ce chemin par la longueur d'onde de chaque couleur savoir combien chacune d'elles exécute de vibrations en une seconde.

CHAPITRE IV.

DIFFRACTION

Si l'on interpose le bord d'un obstacle opaque sur le passage d'un rayon lumineux, il subira une déviation qui dépendra du point où le front d'onde rencontre l'obstacle.

Soit F G (Fig. 25), le cylindre de propagation d'un rayon lumineux, et A B un obstacle devant choquer le front

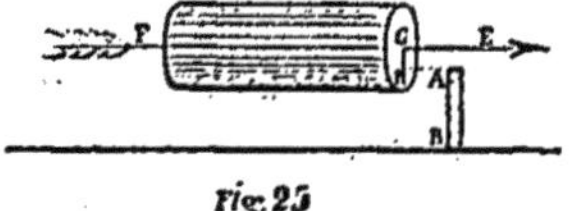

Fig. 25

d'onde au point R, la déviation dépendra de la distance G R.

Pour analyser ce phénomène, n'oublions pas que l'obstacle étant opaque, le front de l'onde est dans l'obligation de tourner la surface de l'obstacle sans le traverser. Remarquons d'ailleurs que, quelle que soit la forme du bord de l'écran, qu'il soit obtus ou effilé comme un rasoir, la *dernière ligne de molécules* qui le termine est seule en question.

C'est entre ces molécules et ces sphérules de l'éther, de même ordre de grandeur qu'elles, que le phénomène se passe. Il doit y avoir là des réflexions et des ricochets.

Analysons d'abord le phénomène physique de la *réflexion*.

Soit C C' (Fig 26) la force de projection avec laquelle une balle élastique rencontre un obstacle M M'.

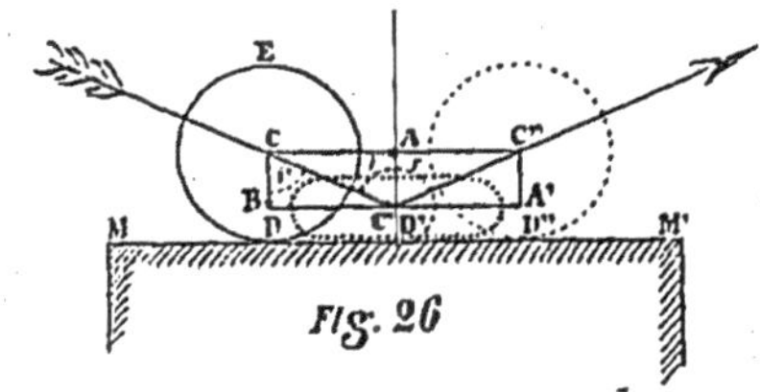

Fig. 26

Nous pouvons considérer cette force se dédoublant en deux autres : C A parallèle à l'obstacle et C B perpendiculaire à ce même obstacle.

Cette dernière force sera plus ou moins effective suivant que l'élasticité de la sphère sera plus ou moins grande. Si l'élasticité de la sphère est nulle, si la matière de la balle et celle de l'obstacle sont d'une dureté absolue, *la force* C B *sera détruite par la résistance de l'obstacle.*

Si, au contraire l'élasticité de la sphère est parfaite, la force C B rapprochera le centre C de l'obstacle M M' autant que le parallélogramme des forces l'indiquera. Elle agira comme le ferait un choc s'exerçant au point E pour aplatir la balle contre l'obstacle ; ce qui nous rappelle la figure 1 de l'étude des vibrations.

Les différents degrés d'élasticité permettront à C B de produire un aplatissement plus ou moins grand de la sphère C. L'énergie de cette force dépend d'ailleurs de l'intensité de la force de projection C C' et de l'angle d'incidence i ; on a en effet :

$$C\,B = C\,C'.\ Cos.\,i \quad (A)$$

C'est-à-dire que C B ou l'aplatissement C' A dépend de la force de projection C C' pour une même incidence ; —

et que pour une même force C C′ de projection C B est proportionnelle au cosinus de l'angle d'incidence, devenant 0 quand $i = 90°$.

Sous l'influence des deux forces C A et C B, le centre C s'avance donc en C′, et la balle prend la forme aplatie indiquée en pointillé. A ce moment la réaction élastique s'opère et reproduit en C′ A une force égale et contraire à C B ; la force C A parallèle à l'obstacle est d'ailleurs toujours la même en C′ A′.

La résultante de ces deux forces C′ A et C′ A′ est C′ C″, évidemment égale à C C′, mais telle qu'elle fait avec la normale A C′, un angle C″ C′ D′ *supplémentaire* de B C C′ ou C C′ A que C C′ faisait avec la normale en arrivant.

En effet la force C′ A étant inverse de C B, le premier membre de l'équation (A) devient négatif ; l'angle i doit donc être tel que le second membre devienne aussi négatif, c'est-à-dire, qu'il doit être plus grand que 90° pour fournir un cosinus négatif.

Mais au lieu de considérer cet angle obtus D′ C′ C″, considérons son supplément A C′ C″ et disons : *que la balle élastique rebondit en faisant avec la normale A D′ un angle de réflexion A C′ C″ égal à l'angle d'incidence A C′ C.*

Remarquons que ce phénomène physique de la réflexion ne s'exécute pas en un même point *géométrique;* il s'effectue sur une surface D D″ qui dépend de la vitesse de projection et de l'inclinaison de l'incidence.

De cette vitesse, en effet, dépend le degré d'aplatissement de la balle contre l'obstacle, c'est-à-dire, la distance C C′ ; or, c'est la projection D D′ de cette hypothénuse sur le plan de l'obstacle M M′ qui détermine l'étendue de la surface *nécessaire au complet développement du phénomène.*

On voit d'ailleurs que cette projection D D′ sera d'autant plus grande pour une même hypothénuse C C' que l'incidence sera plus rasante.

Il ne faut pas conclure de ce dernier point que pour l'incidence normale, la surface D D' se réduit à un point géométrique, car, même dans ce cas, la première cause, c'est-à-dire la vitesse de propagation C C' conserverait encore son influence entière ; l'aplatissement de la balle et par suite la portion de surface nécessaire au phénomène serait toujours d'autant plus grande que la vitesse de propagation serait plus énergique.

Quelle que soit donc l'incidence sous laquelle les balles élastiques d'un rayon lumineux rencontrent le bord d'un obstacle opaque, il peut arriver que la surface nécessaire à l'évolution de la réflexion fasse défaut. Il se peut que le bord M de l'obstacle (FIG 27) se trouve entre D et D'. Par

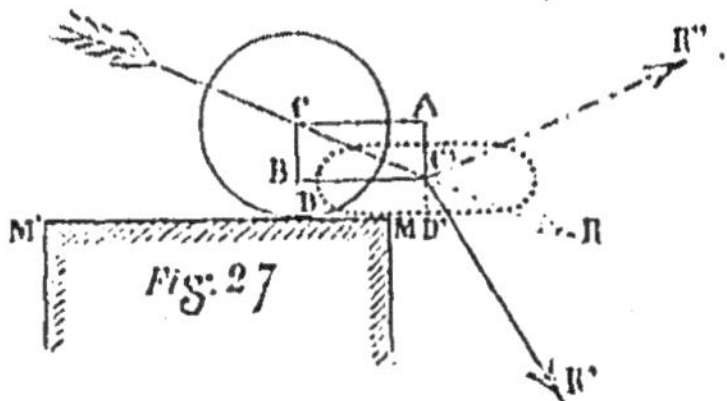

suite le point d'appui nécessaire en D' pour que la réaction élastique s'opère, manquera ; et au lieu de la réflexion on aura une sorte de réfraction, c'est-à dire que le rayon au lieu de se réfléchir en R" déviera dans la direction R' *comme l'homme qui en courant heurte le pied contre un obstacle.*

Si l'incidence est normale au lieu d'être oblique, *le rayon contournera l'obstacle M et viendra tomber dans l'ombre géométrique de l'obstacle.*

Ces deux phénomènes de réflexion et de réfraction doivent d'ailleurs se retrouver dans l'incidence normale, sans qu'il soit nécessaire de le démontrer davantage.

Le rayon R (FIG. 28) dont le centre de propagation rencontre l'écran E F, assez loin du bord pour que le phénomène de la réflexion puisse s'opérer comme l'indique la

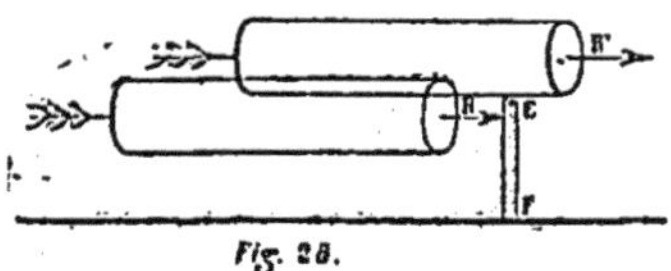

Fig. 28.

figure 26, rebondit sur lui-même. Le rayon R′ dont le cylindre de propagation est tangent au bord de l'écran passe en ligne droite sans subir de déviation.

.- Mais tous les rayons dont le centre de propagation arrive contre l'écran entre R et R′ subissent l'une des deux déviations que nous venons d'analyser.

L'espèce de réfraction qui a lieu là n'est point la réfraction telle qu'elle s'opère dans le passage d'un milieu transparent dans un autre.

Ces deux milieux transparents, par là-même qu'ils se laissent pénétrer par les rayons lumineux, agissent avec assez de délicatesse et de subtilité sur le front d'une ondulation blanche, pour y démêler les fronts des 7 couleurs et les faire dévier d'autant plus qu'ils sont plus larges.

Mais dans la diffraction, l'écran agit brutalemement et sans discernement sur le front de l'onde incidente. Il l'attaque suivant une corde mn (FIG. 29), c'est vrai, mais il force tout le faisceau à le contourner tout d'une pièce, sans le décomposer, au moins d'une manière assez nette pour donner un spectre assez pur. Le front d'onde du violet V est obligé de monter par dessus la corde A B de l'écran, aussi bien que le front d'onde du rouge r.

Concluons donc que dans la diffraction opérée par le bord d'un écran, il y aura comme nous l'avons dit au sujet de la figure 28, deux genres de déviations :

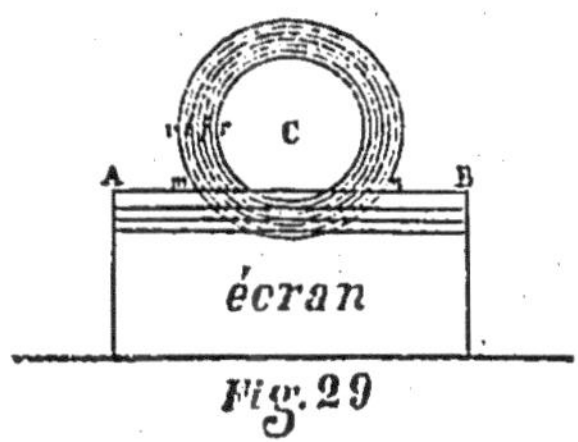

Fig. 29

En premier lieu une véritable réflexion comme nous l'avons expliqué (Fig. 26) Et en second lieu un effet que nous allons convenir d'appeler la diffraction proprement dite produite par la circonstance physique analysée dans les figures 27 et 29.

Voyons maintenant les conséquences de ces deux phénomènes.

1. — RAYONS RÉFLÉCHIS OU DIFFRACTÉS AU-DESSUS DE L'OMBRE GÉOMÉTRIQUE DE L'ÉCRAN.

Soient deux rayons parallèles R et R' (Fig 30) émanés d'une même source et par conséquent synchrones. Les vibrations discoïdales, de rang impair dans la figure, et

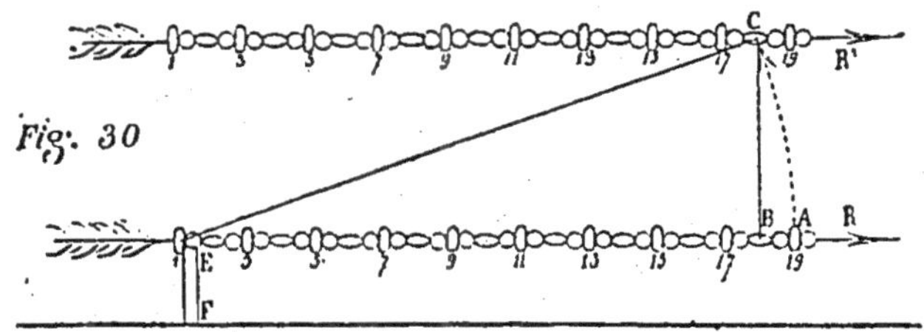

Fig. 30

les vibrations ovoïdes de rang pair, sont à des distances égales de la source à un instant donné.

Si le rayon R, rencontrant un écran E F est réfléchi ou diffracté de manière à interférer avec R', déterminons l'angle C E A qu'il devra faire pour que sa vibration discoïdale 19 aille interférer avec la vibration ovoïde 18 du rayon R'.

Soit D la distance E B de l'écran E F (Fig 31) au tableau M N sur lequel on reçoit les rayons interférents La per-

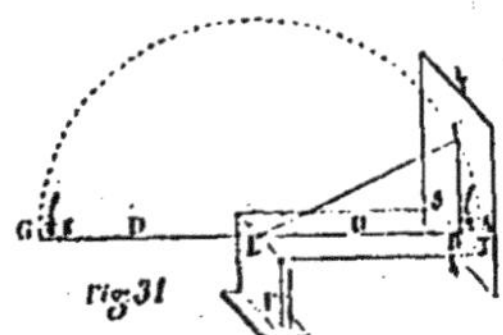

pendiculaire C B est moyenne proportionnelle entre B G et B A.

Or B A est une demi longueur d'onde $\frac{l}{2}$ et par suite :

$$B G = 2 D + \frac{l}{2} \quad (\text{car } G K = \frac{l}{2}).$$

Donc $C B^2 = (2 D + \frac{l}{2}) \cdot \frac{l}{2}$ d'où $C B^2 = D l + \frac{l^2}{4}$.

Mais $\frac{l}{2}$ étant infiniment petit, $\frac{l^2}{4}$ peut être négligé ; il reste donc :

$$C B = \sqrt{D . l} \ (1)$$

C'est-à-dire qu'un rayon lumineux interférera sur le tableau M N *en un point C d'autant plus distant de l'ombre géométrique S T que la longueur d'onde sera plus grande ; la distance B C étant proportionnelle à la racine carrée de la longueur d'onde.*

Pour nous rendre bien compte de ce qui se passe, séparons le phénomène dans la figure 32 en trois parties cor-

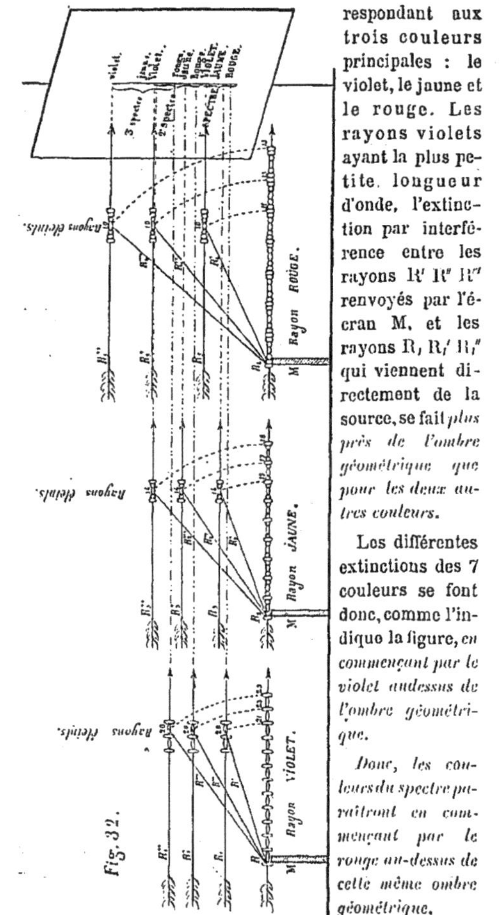

respondant aux trois couleurs principales : le violet, le jaune et le rouge. Les rayons violets ayant la plus petite, longueur d'onde, l'extinction par interférence entre les rayons R' R" R^v renvoyés par l'écran M, et les rayons R, R,' R," qui viennent directement de la source, se fait *plus près de l'ombre géométrique que pour les deux autres couleurs.*

Les différentes extinctions des 7 couleurs se font donc, comme l'indique la figure, *en commençant par le violet au-dessus de l'ombre géométrique.*

Donc, les couleurs du spectre paraîtront en commençant par le rouge au-dessus de cette même ombre géométrique.

Ces deux séries se croisant en sens inverse, il résulte que le milieu de l'échelle des couleurs doit être *à la fois* visible et invisible : il doit donc y avoir une lacune dans le spectre aux environs du vert et du bleu.

De plus, comme on le voit dans la figure 32, LA TROI-SIÈME extinction du violet R_i'' vient sur le tableau *plus près de l'ombre géométrique que la* DEUXIÈME *extinction du rouge. Donc, les spectres successifs vont s'embrouiller de plus en plus. Le premier seul sera bien pur.*

Ici encore comme on le voit, je puis tout établir *à priori*. Comme l'indique la figure, quand on ramène le violet et le jaune sur le rouge, toutes ces interférences se font sur une même perpendiculaire; c'est-à-dire qu'un tableau plan perpendiculaire à la direction des rayons qui passent sans déviation, sera réellement le lieu géométrique d'une série de spectres.

La formule (1) $C B = \sqrt{D.l}$ que nous a donnée la figure 31 nous dit que l'écartement $C B$ des spectres est proportionnel à la racine carrée de la distance D du tableau.

Nous avons trouvé $C B^2 = 2 D \dfrac{l}{2}$ ou $C B^2 = D\, l$ (2).

La formule (2) donne l'écartement du premier spectre.

Pour le second spectre, la formule sera :

$$C B^2 = 2 D \frac{3 l}{2} = D\, 3\, l.$$

Pour le troisième spectre, on aura :

$$C B^2 = 2 D \frac{5 l}{2} = D.5\, l.$$

Il est évident que l doit être remplacé par la longueur d'onde de la couleur élémentaire pour calculer l'écarte-

ment des interférences particulières de cette couleur.
C'est dans ce sens que chacune de ces formules *est la
formule d'un spectre complet.*

Soit maintenant la figure 33.

Si le tableau M N occupe successivement les positions
C B; $C_1 B_1$; $C_2 B_2$... etc.; B A étant la demi-longueur

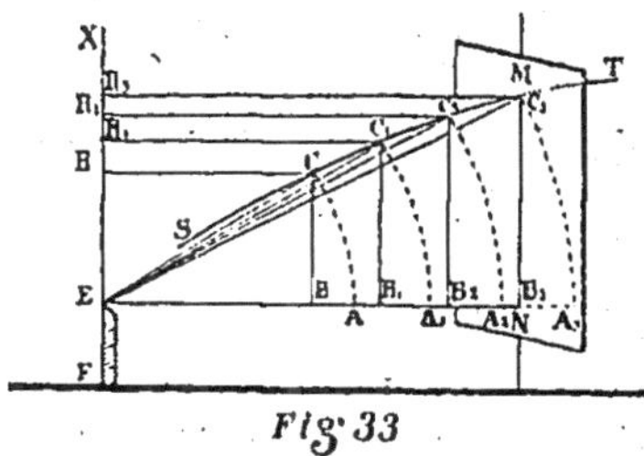

Fig 33

d'onde d'un rayon simple R, les interférences de ce
rayon R se produiront successivement en des points C;
C_1; C_2; C_3... etc., que donnerait la formule (2) en y faisant
varier D.

Or tous les rayons qui sont en jeu dans le phénomène
depuis E jusques R_3, doivent être regardés comme *parallèles* avant d'arriver au plan E X, quelle que soit la distance de la source lumineuse, parce que E R_3 est *toujours
très petite par rapport à cette distance,* — et par suite, la
distance de la source au plan vertical de l'écran F E est
une quantité indifférente dont il n'y a pas à tenir compte.

Nous devons donc considérer tous les rayons interfé-
rants ayant comme source : les uns le point E d'où ils
rayonnent, et les autres le plan E X d'où ils sortent perpendiculairement. Dès lors, la courbe S T peut se définir:

La courbe décrite par un point qui se meut dans un
plan, de telle sorte que la *différence* de ses distances à un
point fixe E et à une ligne E X, soit toujours égale à B,

c'est-à-dire à une demi-longueur d'onde de la couleur que l'on considère.

Ce n'est donc ni une parabole ni une hyperbole.

II

RAYONS DIFFRACTÉS AU-DESSOUS DE L'OMBRE GÉOMÉTRIQUE DE L'ÉCRAN

Au-dessous de l'ombre géométrique nous ne trouverons que des rayons diffractés, comme nous l'avons dit au sujet de la figure 27.

Ne rencontrant point là d'autres rayons avec lesquels ils puissent interférer, ils ne donneront point de spectres : Ils produiront simplement une *lumière dégradée*.

III.

DIFFRACTION PAR UN ÉCRAN SIMPLE

La diffraction par un écran simple (Fɪɢ. 34) donne donc :
1º un phénomène d'interférence entre les rayons renvoyés

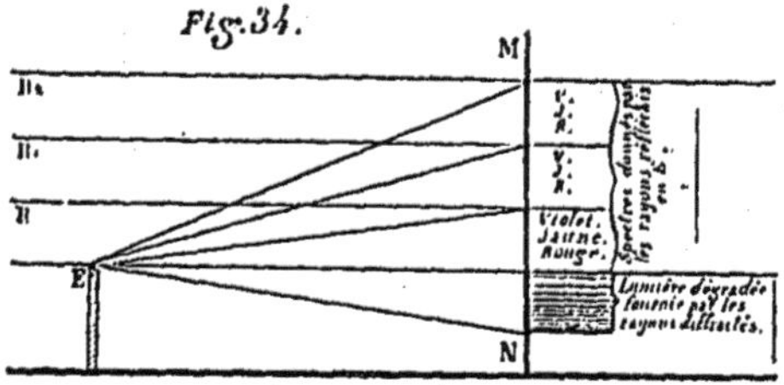

par l'écran et ceux qui arrivent directement de la source ;
2º une lumière *dégradée* produite par les rayons diffractés par le bord de l'écran. Et, comme l'indique la figure 28, tous ces phénomènes sont produits par les rayons dont

l'incidence s'opère entre R et R', c'est à dire dans un espace un peu plus grand que le rayon du cylindre de propagation d'un rayon lumineux.

IV.

DIFFRACTION PAR UNE FENTE ÉTROITE

Si au lieu d'un écran simple, on en juxtapose deux, ou autrement dit, si l'on fait passer la lumière par une fente *étroite*, chacun des deux côtés de la fente produira l'effet que nous venons d'analyser, et ces deux effets se juxtaposeront ou se superposeront, et en se superposant, se renforceront ou se détruiront.

1° Si les deux écrans A et B (Fig. 35) ne sont pas trop rapprochés, si la fente a la largeur convenable, les effets

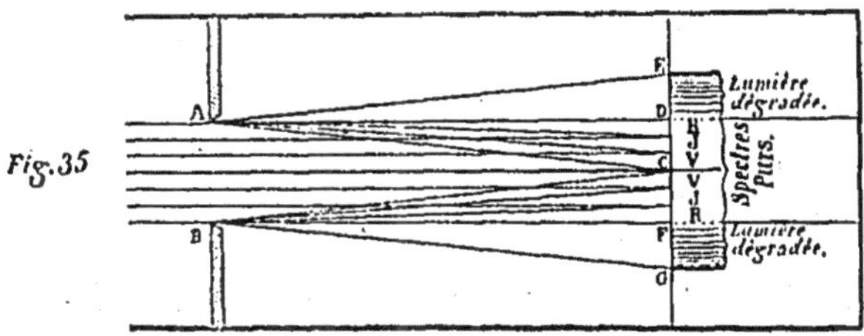

Fig. 35

des deux bords de la fente se juxtaposeront sans se troubler.

2° Si la fente est plus étroite, les deux catégories de spectres vont se superposer.

Il y aura sans doute interférence, non-seulement entre les rayons réfléchis et diffractés par les bords et les rayons qui passent parallèlement sans déviation, comme dans le cas d'un écran simple; — mais aussi entre les rayons qui sont alors déviés par les deux côtés de cette fente.

Ces deux côtés deviennent ainsi analogues aux deux sources lumineuses dans les phénomènes d'interférence (Fig. 22 et 23).

V

DIFFRACTION PAR DEUX OU PLUSIEURS FENTES ÉTROITES
JUXTAPOSÉES

Soit maintenant un écran M N (Fig. 36) percé de deux fentes étroites A B et C D.

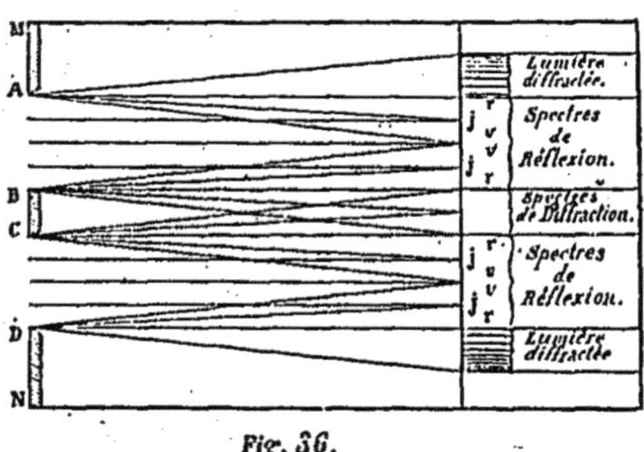

Fig. 36.

Si la séparation B C des deux fentes est assez étroite, les rayons diffractés par les bords B et C vont interférer et donner aussi des franges.

Les deux côtés de B C sont encore analogues aux deux sources lumineuses des interférences (Fig. 22 et 23) et l'on doit, comme dans ces dernières, avoir de la lumière dans la partie *centrale;* car il est évident que tous les rayons qui concourent en cette partie moyenne, ayant parcouru des chemins égaux, doivent se rencontrer dans des nœuds semblables, et par conséquent donner de la lumière.

C'est aussi ce qui se passe dans l'ombre d'un corps linéaire étroit : B C représente la section de ce corps linéaire, cheveu, toile d'araignée, fil de soie... etc.

La figure 36 suffit pour faire comprendre toutes les autres conditions du phénomène.

Plusieurs fentes formant un réseau ne font que juxtaposer un grand nombre de fois le phénomène produit par deux fentes.

VI.

DIFFRACTION PAR UNE PETITE OUVERTURE CIRCULAIRE

Si nous considérons le cas d'une petite ouverture circulaire (Fig. 37) nous trouvons encore un point lumineux au

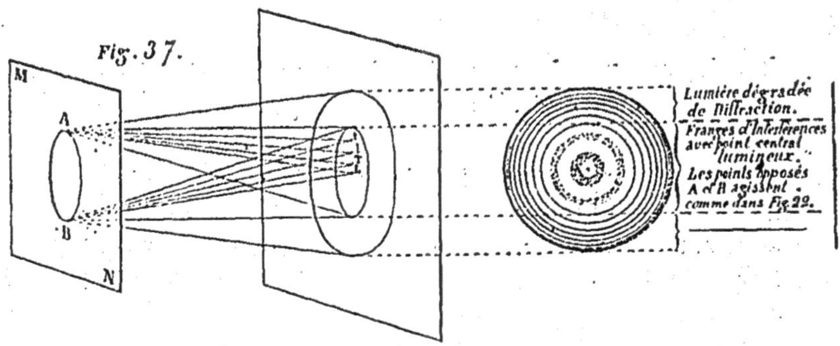

centre, environné de franges et d'un cercle de lumière dégradée.

Traçons. (Fig. 38) un certain nombre de rayons régulièrement espacés et voyons le résultat de leurs croisements.

Nous trouvons qu'ils se rencontrent sur des plans distincts T, 1, 2, 3, 6, etc Et dans leurs rencontres différentes ils interfèrent soit pour s'éteindre, soit pour additionner leur lumière; c'est-à dire qu'ils donnent, comme nous l'avons déjà remarqué un point lumineux central environné de franges.

Mais la figure 38 nous montre que le diamètre des anneaux formés par ces franges va en diminuant à mesure qu'on se rapproche de l'écran M N, puisqu'ils ne sont

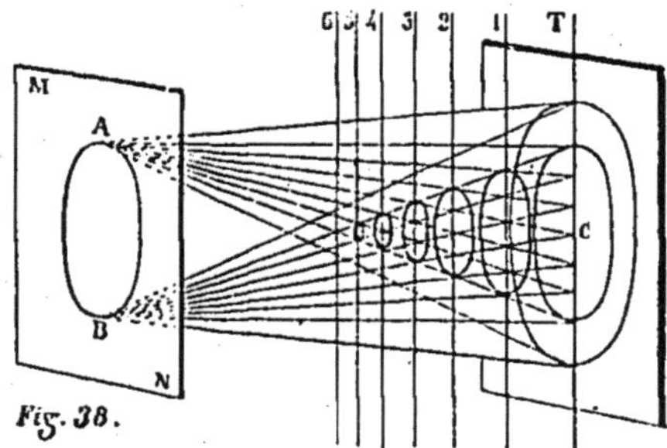

formés que par la rencontre des rayons réfléchis ou diffractés, et que le faisceau de ces rayons est parfaitement délimité.

Donc, si l'on approche le tableau T de l'écran M N, les grands anneaux disparaîtront pour faire place à des anneaux plus petits; il en résultera une apparence qui fera voir des anneaux naissant au centre du tableau et s'évanouissant à la circonférence.

Remarquons que le point lumineux central des anneaux doit subir des éclipses ; car les rayons R et R, qui auraient pu ajouter leurs lumières en C ont peut-être interféré avec d'autres rayons pour s'éteindre avant d'arriver à ce centre.

CHAPITRE IV

DOUBLE RÉFRACTION

Imaginons un cube (Fig. 1) rempli de balles élastiques. Les dimensions étant les mêmes dans toutes les directions, il est évident que les sphères moléculaires pourront y conserver leur forme *sphérique* naturelle *m*.

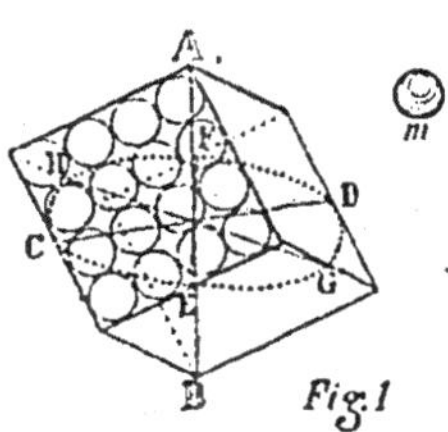

Par suite l'élasticité de ces molécules est la même dans toutes les directions La cohésion les a groupées en ordre, *sans les* TASSER *dans un sens plus que dans un autre.*

Supposons que l'on soumette ce cube à une pression plus ou moins énergique dans le sens de l'axe A B, toutes les balles élastiques qu'il renferme vont subir une défor-mation analogue à celle du cube.

Le cube va devenir un RHOMBOÈDRE ; — ou plutôt de *rhomboèdre rectangulaire* il va devenir *rhomboèdre obtus* en

A et B (Fig. 2). Et toutes les molécules dont la forme individuelle n'est que la miniature infinitésimale de sa forme générale, vont prendre la forme *ellipsoïdale n*.

La loi de la cristallisation dans le spath d'Islande exécute sur les molécules cette pression dont je parle.

Ce qui le prouve, c'est que lorsque l'on combat la cohésion en chauffant un cristal de spath, l'axe A B (Fig. 2) s'allonge et les axes C D, E F, G H se racourcissent;

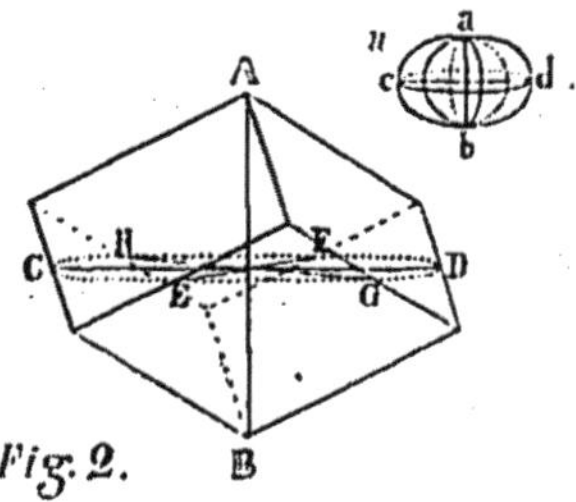

Fig. 2.

c'est-à-dire que les molécules élémentaires revenant à la forme sphérique, le cristal total retourne au cube parfait (Fig. 1) dans lequel la cohésion relie simplement les molécules sans les déformer.

En clivant un cristal de spath jusqu'à ce que ses six faces soient devenues parfaitement égales, et en mesurant ensuite l'axe principal A B et l'un des axes C D, E F ou G H, on trouvera le rapport des deux axes de l'ellipsoïde, auquel la pression développée par la force de la cristallisation a réduit les molécules élémentaires.

J'ai trouvé par des mesures très imparfaites $\frac{a}{b} = \frac{8}{9}$.

Soit la molécule G m F n (Fig. 3) réduite à la forme ellipsoïdale G' m' F' n' par la force de la cohésion cristalline, les deux zones polaires A m' B et D n' C étant plus rapprochées du centre O qu'elles ne le seraient si la

cohésion ne les tenait pas sous son joug, sont dans un
état de tension *qui rend un plus grand aplatissement d'autant plus difficile que ces zônes sont déjà plus rapprochées du
centre.*

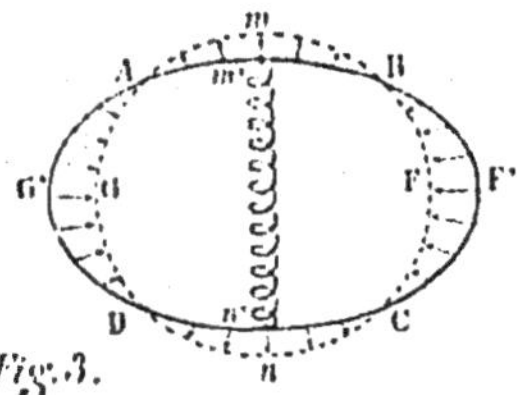

Fig. 3.

La zone *équatoriale* A G' D, B F'' C, au contraire étant
plus éloignée du centre qu'elle ne le serait naturellement
sans la cristallisation, *tend à revenir vers le centre.*

Cette analyse de la tension élastique d'une molécule
devenue ellipsoïdale par la cristallisation, nous montre
qu'en l'attaquant par l'équateur, *on se ménage des intelligences dans la place :* on agit dans le sens de la réaction
élastique naturelle.

*Il sera donc plus facile de faire vibrer ces molécules dans
le sens équatorial que dans le sens polaire.*

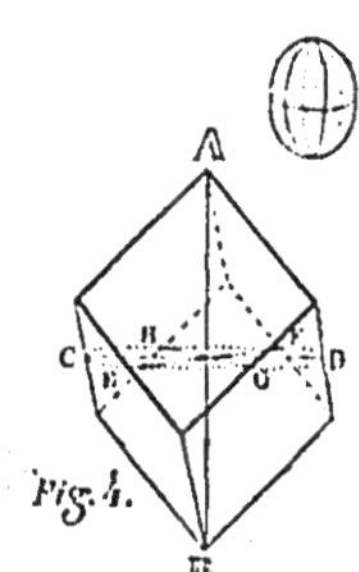

Si au lieu de *comprimer* le cube ou
rhomboèdre rectangle de la figure 1, on
L'ÉTIRE suivant l'axe A B (FIG. 4) toutes
les molécules, comprimées suivant l'é-
quateur, prendront la forme ovoïde *p* au
lieu de la forme discoïdale que nous
avions dans la figure 2 pour le spath.

Cette forme ovoïde est celle des molécules dans le quartz pyramidal.

Fig. 4.

Ici nous avons évidemment l'inverse de ce qui a lieu

dans le spath, comme l'indique suffisamment la figure 5

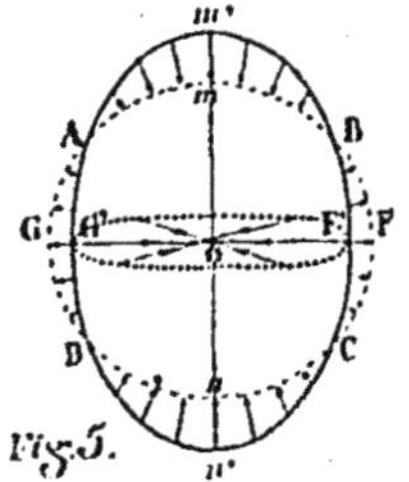

C'est par la région équatoriale A G' D C F' B que la cohésion cristalline a saisi la molécule.

C'est donc suivant l'axe polaire *m' n'* que la compression sera la plus facile.

Mais analysons plus intimement le cristal de spath d'Islande.

Fig. 5.

Soit le cristal A E H B G F (Fig. 6) taillé de telle sorte que toutes ses faces soient des losanges ÉGAUX.

Il est évident que toutes les molécules élémentaires

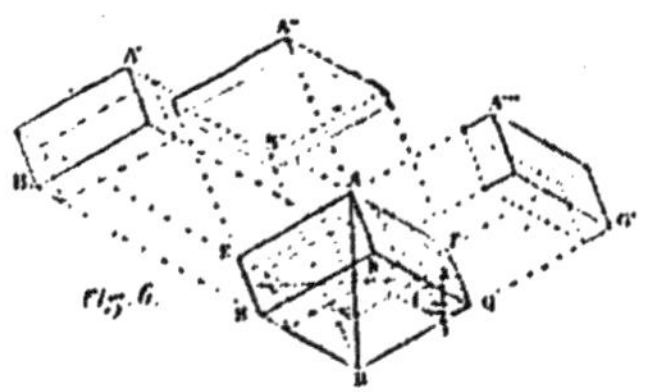

Fig. 6.

entassées dans ce rhomboèdre *ont leur axe polaire indivi- duel a b parallèle à l'axe général A B du cristal*, comme la figure l'indique en G.

Toutes ces molécules ellipsoïdales sont disposées en couches symétriques qui pourront s'enlever par le clivage comme on le voit en A' H', A" N', A'" G' de cette même figure 6.

Si nous considérons à part un losange de clivage A H B K, par exemple (Fig. 7), nous constatons que toutes les molécules élémentaires y sont groupées de manière à former *des espèces de sillons convexes suivant des lignes parallèles a c.*

Les axes élémentaires *a b* des molécules aboutissent sur ces lignes *a c* et sont situés dans les plans SS' que l'on

ferait passer par ces lignes, normalement à la facette de
clivage A B

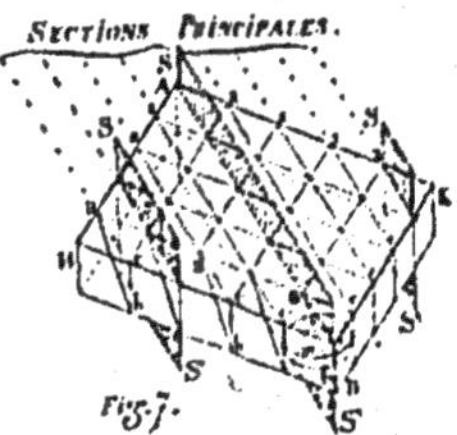

Les sections principales ont donc une réalité physique
positive. Ce sont des plans tels que SS' parallèles entr'eux
et comprenant les axes élémentaires des molécules du
cristal.

En *réalité* toutes ces sections principales *forment des
plans* DISTINCTS *passant par les petits axes des molécules
élémentaires :* et les diamètres de ces molécules sont tellement petits que nous pouvons, NOUS, les regarder comme
contigus.

Mais *la lumière est assez subtile pour distinguer les sillons
creux des sillons* CONVEXES *qui seuls forment les sections principales.*

Les sphérules de l'éther impondérable sont au moins
aussi petites que les molécules pondérables du carbonate
de chaux qui sont tassées dans le cristal d'un spath Elles
doivent donc se comporter différemment selon qu'elles
rencontrent la *convexité* d'une molécule ellipsoïdale, ou la
concavité qui reste béante entre 4 molécules.

Soit (FIG. 8), un ellipsoïde dans lequel le rayon polaire
$a = 8$ et le rayon équatorial $b = 9$; il nous donne la forme
des molécules élémentaires du spath.

Nous pouvons au point de vue de l'élasticité considérer
cette molécule comme composée d'une sphère centrale

A E B F ayant pour diamètre l'axe a, et d'un ellipsoïde
A C B D formant une sorte d'atmosphère autour de cette
sphère. En effet, il est évident que tout point de l'ellip-

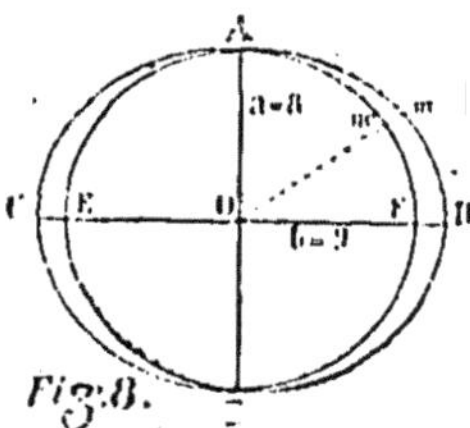

Fig. 8.

soïde tel que m' étant amené par la compression à une dis
tance om' du centre égale à O A, opposera à la compression une réaction égale à celle que le point polaire A
oppose lui-même de prime abord.

On *peut* donc dire qu'à une distance constante O A du
centre O on rencontrera dans toutes les directions, de la
part de l'ellipsoïde une réaction égale à celle que possèdent les deux points polaires A et B.

On arrive évidemment d'autant plus vite à cette distance minimum a, que la compression s'exerce plus près
des pôles.

Nous sommes donc en droit de considérer le centre des
molécules ellipsoïdales du spath comme occupé par une
sorte de sphère THÉORIQUE, *moins compressible que la partie
de l'ellipsoïde qui est extérieure à cette sphère.*

Cette partie constitue une sorte d'atmosphère qui, nulle
aux pôles et maxima à l'équateur, présentera un milieu
MOINS RÉSISTANT *que le noyau sphérique.*

NOTA. — N'oublions pas cependant, que ce noyau *sphérique,* tout en répondant à une réalité physique, à savoir, à
un *changement d'intensité dans l'élasticité de la molécule*

ellipsoïdale, n'est point en toute rigueur une *sphère*. Ce n'est là qu'une approximation *conventionnelle* qui pourra répondre *assez bien* à ce qui se passe dans une molécule de spath, où le rapport des deux axes n'est que 8/9; mais qui pourrait bien se trouver fausse dans un autre cristal dont l'excentricité serait plus grande.

Si nous considérons une surface de clivage A C H (Fig. 9), la section principale A H B L nous montre que les molé-

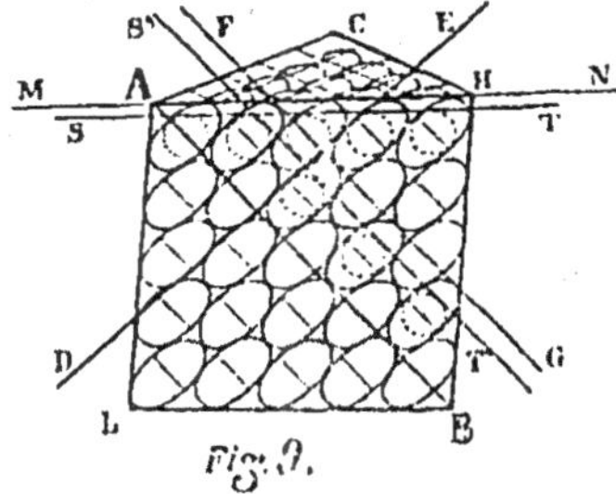

Fig. 9.

cules ellipsoïdales, ayant leurs petits axes polaires inclinés sur la face A C H, présentent, en grande partie, *leur région équatoriale au niveau M N de cette face.*

Par suite, nous devons nous figurer deux plans dans la surface d'entrée du rayon lumineux.

1° Le plan M A C H N tangent aux bords extérieurs des ellipsoïdes et qui est la face même du cristal;

2° Le plan S T. parallèle au précédent, un peu au-dessous, tangent aux sphères intérieures *théoriques* dont nous venons de parler.

Le 1er de ces plans est *moins* résistant que le second aux vibrations; par conséquent, l'ondulation lumineuse subira *deux déviations.*

Nous pouvons donc dès maintenant prédire qu'il y aura

double réfraction. Mais des considérations plus précises sont nécessaires pour rendre bien compte de ce phénomène.

Remarquons encore cependant à l'aide de cette même figure 9 que si le cristal était taillé suivant F G, parallèlement à l'axe A B, les deux surfaces d'inégale résistance F G et S' T' auraient leur maximum d'écartement; — et que s'il était taillé suivant D E, perpendiculairement à l'axe, la surface supérieure de moindre résistance n'existerait plus.

§ I.

RAYONS LUMINEUX RENCONTRANT UNE MOLÉCULE
ÉLÉMENTAIRE DE SPATH

Tout ceci nous invite à étudier l'incidence d'un rayon lumineux sur les différentes latitudes de la molécule ellipsoïdale d'un spath.

Soit donc (FIG. 10) le front d'onde G H d'un rayon R,

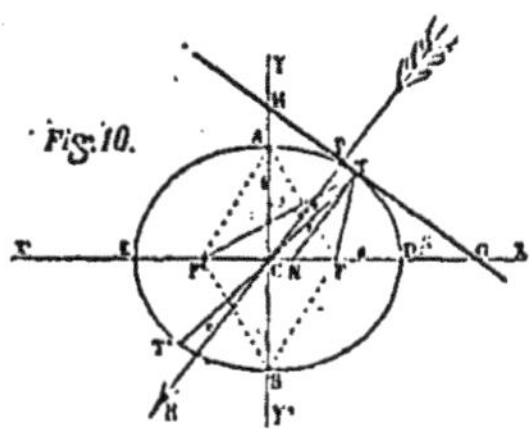

rencontrant tangentiellement l'ellipse A D B E, section méridienne de la molécule ellipsoïdale.

Menons les rayons FT, F'T, et la normale TN.

La normale T N est parallèle à l'axe de propagation PR, mais ne se confondra avec cet axe PR que lorsque cet axe coïncidera avec le petit axe A B ou avec le grand axe E D.

En effet, TN étant bissectrice de l'angle FTF', par tage FF' en deux segments proportionnels aux deux rayons vecteurs :

$$\frac{FN}{F'N} = \frac{FT}{F'T}$$

Or FT n'égale F'T que lorsque le point de tangence est en A ou en B; ce n'est donc que dans ces deux cas que le point N se confondra avec C, *et que le point de tangence T coïncidera exactement avec le centre de propagation P du rayon lumineux.*

Quand le point de tangence se rapproche des extrémités du grand axe, en D par exemple, la différence des deux rayons vecteurs touche à son maximum, et par là même N touche aussi à son élongation *maxima* du centre C. Mais au moment précis où T arrive en D, le point N au lieu d'atteindre son maximum d'élongation, s'évanouit : *la normale TN se confond avec PR et le point de tangence T coïncide encore avec le centre de propagation P du rayon lumineux.*

Dans toutes les autres positions intermédiaires TN et PC sont plus ou moins écartées et interceptent sur la tangente HG une longueur PT, qu'il nous importe de déterminer; *car il est évident que la communication de la vibration lumineuse à l'ellipsoïde doit dépendre du* PREMIER POINT *de contact du front d'onde avec cet ellipsoïde.*

Cette ligne PT répond à l'angle au centre PCT $= r$, que le diamètre TT' forme soit avec l'axe de propagation PR, soit avec la normale TN.

Cet angle r est complémentaire de l'angle CTP qui n'est autre que l'angle des deux diamètres conjugués TT' et SS'. Cette dernière ligne omise dans la figure 10 couperait en deux parties égales les cordes parallèles à TT'.

Les variations de l'un et de l'autre de ces deux angles en fonction des axes a, b de l'ellipsoïde et de l'angle d'incidence i que le front d'onde tangent fait avec le grand axe, se trouvent par le calcul.

Le maximum de r a lieu quand $i = 41°\ 52'\ 50''$ et ce maximum est de $6°\ 14'\ 20''$.

Essayons d'analyser maintenant la manière dont la molécule ellipsoïdale reçoit la vibration lumineuse dans les trois incidences : au pôle A; à l'équateur D et à la latitude de $48°\ 7'\ 10''$; c'est-à-dire quand l'angle de la tangente H G avec le grand axe X X' est 0°; 90° et $41°\ 52'\ 50''$.

1° INCIDENCE AU PÔLE (FIG. 11)

Soit (Fig. 11) l'ellipsoïde A M B N rencontré par le cylindre de propagation G H du rayon R, dont l'axe de propagation coïncide avec le petit axe polaire A B.

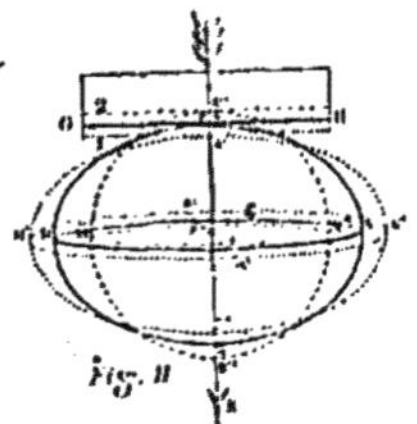

Fig. 11

Le premier point de tangence se confond en A avec le centre de propagation P ; l'angle r de la figure 10 est nul.

La compression exercée par G H dans cette incidence au pôle a pour effet d'aplatir de plus en plus la molécule de spath déjà aplatie par la cohésion.

A'B' est parfaitement *discoïdal*. Sa vibration transversale s'exécute dans toutes les directions. Son équateur M α N β grandit dans tous les azimuts suivant M' α' N' β' absolument comme dans la compression d'une sphère parfaite.

De même aussi la forme A″B″ que la molécule prend dans sa réaction élastique est parfaitement *ovoïde*.

Tout se passe donc ici comme à l'ordinaire, comme dans la lumière naturelle.

Il n'y a pas deux phases de résistance élastique de la part de l'ellipsoïde ; la vibration incidente ne se dédouble donc pas ; il n'y a donc pas double réfraction.

C'est ce qui doit se produire quand les rayons lumineux tombent *perpendiculairement* sur une facette L M N (Fig.12)

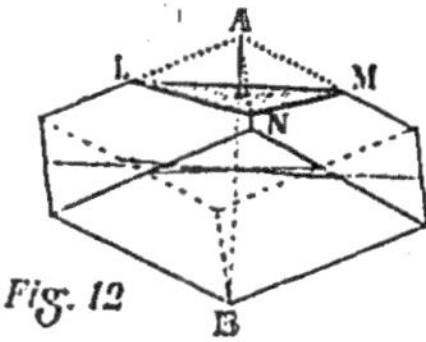

Fig. 12

taillée normalement à l'axe polaire A B ; *toutes les molé- cules élémentaires en effet présentent leurs pôles au niveau d'une facette de ce genre, comme nous l'avons vu figure 9.*

2° INCIDENCE A L'ÉQUATEUR (FIG. 13)

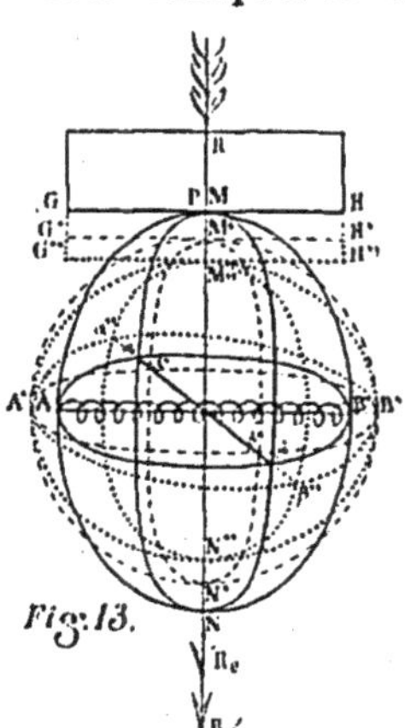

Fig. 13.

Soit l'ellipsoïde AMBN (Fig. 13) rencontré par le cylindre de propagation G H du rayon R dont l'axe de propagation coïncide avec le grand axe équatorial M N

Le premier point de tangence se confond en M avec le centre de propagation P ; l'angle r de la figure 10 est encore nul.

La compression s'exerçant à l'équateur même attaque l'ellipsoïde par son endroit le plus sensible.

Comme nous l'avons dit, elle a « *des intelligences dans la place* ».

L'équateur veut se rapprocher du centre et les pôles veulent s'en éloigner. *Dans cette première phase, la cohésion a donc à lutter contre trois ennemis.*

Mais si l'amplitude de la vibration incidente est assez grande pour continuer à comprimer l'équateur de l'ellipsoïde, il arrivera un moment où l'équateur ne voudra plus se rapprocher du centre et où les pôles ne voudront plus s'en éloigner. *Alors commencera une seconde phase dans laquelle la vibration incidente, au lieu d'avoir des intelligences dans la place, n'y trouvera que des ennemis. Les pôles et l'équateur se ligueront contre elle avec la cohésion.*

Dans la première phase de moindre résistance, l'ellipsoïde va donc redevenir ce qu'il tend à être d'après ses forces élastiques : c'est-à-dire qu'il va se rapprocher plus ou moins parfaitement, autant que la cohésion le lui permettra, de la forme sphérique représentée en petits traits : A'M'B'N'.

Dans la seconde phase, de plus grande résistance, la vibration incidente s'avancera de M' en M''. Elle imprimera donc à l'ellipsoïde la forme plus ou moins régulière représentée en pointillé A'M'B'N'.

Mais ces deux phases demandent une attention toute spéciale.

D'abord, dans la première phase de compression de M' en M', l'ellipsoïde tendant à reprendre sa forme sphérique, le diamètre équatorial $\alpha\delta$ (Fig. 13) perpendiculaire au plan de la figure, *se raccourcit,* tandis que le diamètre polaire A B s'allonge en devenant A'B'.

Donc ici la compression de G'H', au lieu de produire une forme discoïdale aplatie dans tous les sens, comme cela s'est produit dans les cas que nous avons étudiés jusqu'ici, transforme (Fig. 14) l'ellipsoïde AαBδ en un nouvel ellipsoïde moins excentrique se rapprochant plus ou moins exactement de la forme sphérique A′ɑ′B′ ϐ′.

Donc la vibration transversale, au lieu de se disperser dans toutes les directions, comme dans la figure 8, de l'*Analyse fondamentale*, produit ici son effort dans le sens de l'axe A′ B′. Au lieu de s'exécuter dans tous les azimuts, comme à l'ordinaire, elle se fait dans la direction du petit axe A B c'est à-dire dans le *sens de la section principale*.

Dans la seconde phase de la compression de M′ en M″ (Fɪɢ. 13), la cohésion cristalline s'oppose donc à un plus grand allongement de l'axe A B. Par suite, les régions po · laires résisteront plus que la région équatoriale à la com-

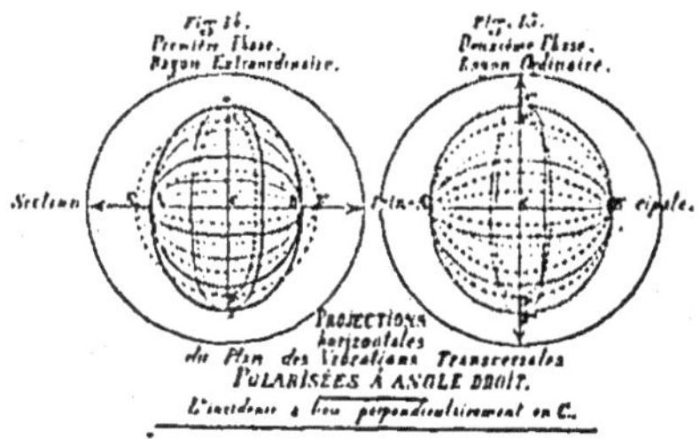

pression. Si donc nous considérons les 3 axes M′ N′, A′ B′ et ɑ′ ϐ′, nous verrons clairement :

1° Que l'axe M′ N′ étant celui suivant lequel la compression a lieu, diminuera en M″ N″;

2° Que l'axe A′ B′ maintenu par la cohésion cristalline dont l'élasticité est épuisée ne changera pas;

3° Que par conséquent l'axe transversal ɑ′ ϐ′ seul va s'allonger en ɑ″ ϐ″ sous la compression incidente. Donc cette fois (Fɪɢ. 15) la vibration transversale s'accentue plus dans le sens ɑ ϐ, c'est à-dire dans une *direction perpendiculaire au plan de la section principale*.

. Ceci répond parfaitement à ce que Fresnel désirait à savoir :

1° Que le rayon ordinaire ayant ses vibrations transversales perpendiculaires au plan de la section principale. *est polarisé dans ce plan.*

· Et 2° que le rayon extraordinaire, ayant ses vibrations transversales dirigées dans le plan de la section principale, *est polarisé dans un plan perpendiculaire à cette sec-. tion.*

· Mais puisqu'il y a eu deux phases dans la compression, il y en aura aussi deux dans la réaction élastique de l'el·lipsoïde.

La forme pointillée A′ M″ C′ N″ (Fig. 13) s'allongera sui·vant l'axe de compression M N en dépassant les points M N de quantités égales à M N″ et à N N″. Cet allongement n'est pas représenté dans la figure : l'imagination y suppléra facilement.

Dans la première phase de cette réaction M″ dépassera M′, point de départ de la seconde compression, par exemple jusqu'en M et N″ dépassera N′ jusqu'en N.

Cette vibration étant la réaction de la seconde phase de compression, c'est-à-dire de la phase de plus grande résis·tance, aura le cachet de cette seconde phase comme direc·tion et comme énergie : *c'est elle qui produira le rayon ordinaire* R O.

Dans la seconde phase, l'allongement de l'ellipsoïde s'accentuera au-dessus de M et au dessous de N en revêtant le cachet de la première phase de la compression dont il est la réaction : *c'est cette seconde phase de la réaction qui produira le rayon extraordinaire* R E.

- Mais l'ellipsoïde ayant été attaqué suivant son plan équatorial, toutes ces compressions et réactions se sont opé-.

rées symétriquement avec une parfaite égalité vers les
deux pôles; on conçoit que les *deux rayons* R_o *et* R_e *ne se
séparent point l'un de l'autre, et que par suite la double
réfraction bien que réelle n'est pas observable.*

Tout ce que nous venons de constater dans cette analyse doit se passer quand les rayons lumineux tombent
perpendiculairement sur une facette L M N (Fig. 16) taillée
parallélement à l'axe polaire A B.

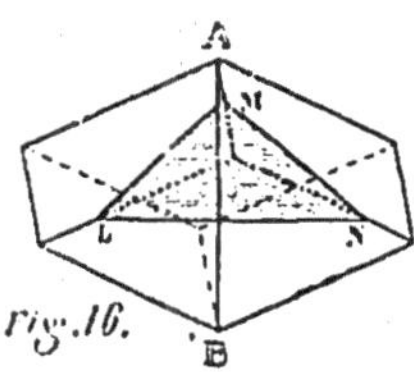

Fig. 16.

*Toutes les molécules élémentaires, en effet, présentent leur
équateur au niveau d'une pareille facette, comme nous l'avons
vu figure 9.*

Remarque. — Cette analyse fait ressortir un point assez
curieux. C'est que les deux rayons sont enchevêtrés l'un
dans l'autre par leurs phases de vibrations.

La première phase de compression et la première phase
de réaction de l'ellipsoïde appartiennent au rayon extraordinaire.

Et la seconde phase de compression, *qui a lieu entre les
deux précédentes,* donne le rayon ordinaire avec la deuxième
phase de la réaction élastique.

*Le rayon ordinaire est donc émis un instant après le rayon
extraordinaire.*

3° INCIDENCE A UNE LATITUDE MOYENNE

Le premier point de tangence T (Fig. 17) du front
d'onde G H avec l'ellipsoïde est distinct cette fois du
centre de propagation P.

La compression ne s'exerçant pas en un point autour duquel les diverses parties de l'ellipsoïde soient disposées symétriquement, comme au pôle et à l'équateur, l'aplatissement de la molécule ne se fera pas avec autant de netteté, ou plutôt avec autant de simplicité que dans le cas précédent; mais elle participera aux mêmes caractères.

Comme dans le cas précédent l'axe équatorial $\alpha\beta$ diminuera puisque le renflement de cette région tend à se rapprocher du centre. Et l'axe polaire A B s'allongera en A′ B′ puisque ces deux régions tendent à s'éloigner du centre.

Mais ces deux effets auxquels se bornait la compression dans le cas précédent (Fig. 13) se compliquent ici.

Pour nous aider à saisir cette complication, représentons les axes A B et M N et ils nous serviront de points de repère.

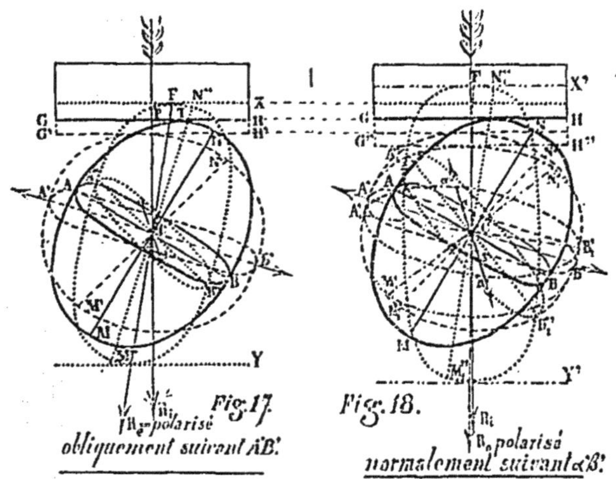

Fig. 17. Fig. 18.

La compression s'exerçant dans un point T situé entre A et N doit nécessairement produire, — non seulement, comme je viens de le dire le raccourcissement de N M et l'allongement de A B, — *mais en même temps elle doit écarter ces deux axes*, comme l'indique la figure. L'axe M N oscille en M′ N′ et A B oscille en A′ B′.

L'ellipsoïde, au lieu de prendre ici plus ou moins complètement la forme sphérique, va donc prendre une forme un peu gauche indiquée *approximativement* dans la forme en petits traits A′ N′ B′ M′.

C'est là la première phase de la compression, pendant que le front d'onde s'avance de G H en G′ H′.

Au lieu d'examiner immédiatement la seconde phase de la compression réservons-la pour la figure 18 et voyons la réaction élastique qui correspond à cette première phase.

L'axe polaire A′ B′ dans cette réaction va nécessairement passer de l'autre côté de A B en A″ B″, en se raccourcissant; tandis que l'axe équatorial N′ M′ va passer de l'autre côté de N M en s'allongeant.

Autrement dit l'ellipsoïde qui s'était allongé dans le sens A′ B′ va maintenant s'allonger dans une direction diamétralement opposée suivant N″ M″.

Il va donc pointer sa réaction ovoïde ou longitudinale suivant F Re et donner ainsi le rayon ur extraordinaire.

Comme la figure l'indique, *la vibration transversale de ce rayon est polarisée suivant A′ B′, obliquement à la direction du rayon.*

Voyons maintenant la seconde phase de compression, pendant que le front d'onde (Fig. 18) pénètre de G′ H′ en G″ H″.

Comme nous l'avons dit dans l'incidence à l'équateur (Fig. 13), l'élasticité de la cohésion cristalline ayant été épuisée dans la première phase de la compression, l'axe A′ B′ *ne s'allongera plus. Donc ce sera l'axe transversal α β qui s'allongera suivant α′ β′.*

On comprend, malgré l'apparente obliquité que la perspective impose à $\alpha'\beta'$ dans la figure 18, que cet axe n'est pas oblique au rayon, comme A' B' et que par conséquent *la vibration transversale de ce rayon est polarisée suivant $\alpha'\beta'$ normalement à la direction du rayon.*

Dans cette seconde phase l'axe polaire et l'axe équatorial doivent s'écarter encore plus l'un de l'autre que dans la première phase. A' B' va se pencher en $A_{/}'B_{/}'$ sans changer de longueur et N' M' va s'incliner en $N_{/}'M_{/}'$ en se raccourcissant encore.

Passons à la réaction élastique correspondant à cette seconde phase de la compression.

L'axe polaire $A_{/}'B_{/}'$ va passer $A_{/}''B_{/}''$ plus haut que A'' B'' de la figure 17, tandis que l'axe équatorial $N_{/}'M_{/}'$ va se relever en $N_{/}''M_{/}''$ en se rapprochant de la normale plus que N''M'' de la figure 17.

Autrement dit, l'ellipsoïde qui dans la seconde phase de son aplatissement s'est allongé *plus horizontalement* que dans la première phase, va aussi s'allonger dans la seconde phase de sa réaction *plus verticalement* que dans la première.

Il va donc pointer sa réaction ovoïde suivant F R$_0$ et donner ainsi le rayon dit ORDINAIRE.

Donc dans l'incidence à une latitude moyenne nous pouvons préciser comme il suit les caractères de la vibration lumineuse :

1° Premier aplatissement de G H en G' H' et par suite vibration transversale oblique au rayon suivant A' B' : *c'est la vibration transversale polarisée du rayon extraordinaire;*

2° Deuxième aplatissement de G' H' en G'' H'' et par suite, à cause de la cohésion retenant les pôles, vibration transversale normale au rayon suivant $\alpha' \beta'$: *c'est la vibration transversale polarisée du rayon ordinaire;*

3° Première réaction élastique de $N_i'M_i'$ (Fig. 18) en $N''M''$ (Fig. 17) : *c'est la vibration ovoïde qui propage le rayon extraordinaire.*

4° Deuxième réaction élastique de $N''M''$ (Fig. 17) en $N_i''M_i''$ (Fig. 18) : *c'est la vibration ovoïde qui propage le rayon ordinaire;*

5° Le rayon extraordinaire est nécessairement plus éloigné que le rayon ordinaire de la normale, suivant laquelle l'incidence a lieu.

Comme je l'ai déjà fait remarquer dans l'incidence à l'équateur, les deux rayons alternent leurs phases. Ils sont émis successivement par deux vibrations d'une même molécule ellipsoïdale, et le *rayon ordinaire est le dernier émis.*

Dans les deux cas que nous venons d'examiner nous avons trouvé deux phases dans la transmission de la vibration lumineuse à la molécule ellipsoïdale du spath.

La séparation de ces deux phases étant l'instant où l'ellipsoïde devenu sphère oppose une plus grande résistance à la vibration incidente, nous sommes logiquement conduits à faire l'observation suivante, à savoir :

Que si l'excentricité de l'ellipsoïde était suffisamment grande, il pourrait très bien se faire que l'amplitude de la vibration incidente ne pénétrât pas assez profondément pour rencontrer la phase de plus grande résistance.

Soient par exemple (Fig. 19 et 20), deux rayons G et G' ayant la même amplitude $MM' = M_iM_i'$, rencontrant deux molécules ellipsoïdales d'excentricités différentes, sous la même obliquité $AOG = A'O'G'$.

On voit que le rayon G trouve les deux phases de résis-

·tance symbolisées par l'ellipsoïde et la sphère, tandis que le rayon G' ne rencontre pas la phase de plus grande résistance dans l'ellipsoïde A' B'.

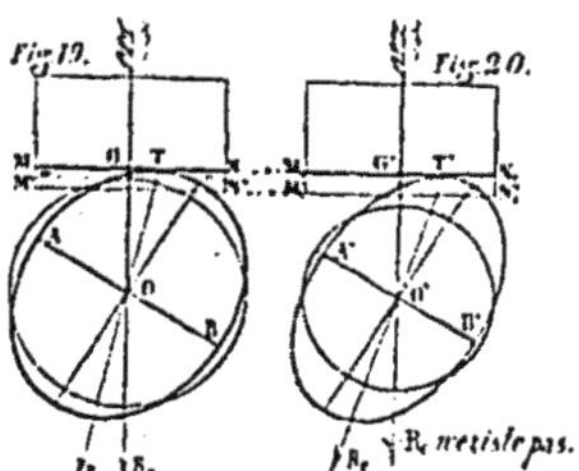

Dans ce second cas, il n'y aura donc pas double réfraction. Le rayon EXTRAORDINAIRE R$_e$ *existera* SEUL.

Cette observation que je fais *à priori* est confirmée par les faits.

Dans la tourmaline, en effet, *le rayon ordinaire est nul pour une faible épaisseur.*

Or le cristal de la tourmaline est un rhomboèdre *obtus* dont l'angle est de 133°26; tandis que celui du spath n'est que de 105°.

La molécule élémentaire de la tourmaline est donc un ellipsoïde beaucoup plus excentrique que la molécule du spath.

Il ne faut donc pas regarder la loi de Malus comme une loi rigoureuse, ni surtout lui accorder le mérite d'expliquer quoi que ce soit. Elle *symbolise* assez bien le phénomène de la double réfraction dans le *spath*, parce que son excentricité n'est pas très grande. Voilà tout.

Il est d'ailleurs évident que la double réfraction de la lumière est un phénomène dont la cause est tout entière dans les cristaux qui le produisent, et que, par conséquent, il faut se garder de prendre le phénomène produit

par tel cristal comme servant de loi à tous les phénomènes
produits par les autres cristaux.

En commençant cette étude de la double réfraction, j'ai
dit que si au lieu de *comprimer* le cube de la figure 1, suivant l'axe A B, on *l'étirait*, on imposerait aux molécules
élémentaires contenues dans ce cube une forme *ovoïde*
(Fig. 4 et 5) au lieu de la forme ellipsoïdale des figures 2
et 3.

C'est le cas du quartz que j'examine plus en détail dans
le chapitre de la Polarisation rotatoire.

Cette simple remarque suffit pour permettre de dire
a priori ce qui se passera quand une vibration lumineuse
rencontrera une simple molécule de quartz (Fig. 5) au
pôle m', à l'équateur F'' et à une latitude moyenne.

La distinction en cristaux répulsifs ou négatifs, et
attractifs ou positifs, parmi les cristaux à un axe doit
donc être rejetée comme un non-sens et être remplacée
par celle de cristaux à molécules *ellipsoïdales*, et de
cristaux à molécules *ovoïdes*.

L'examen des axes d'élasticité déterminés dans les molécules élémentaires par la compression de la cohésion
est la véritable marche, pour expliquer mécaniquement
les phénomènes de la double réfraction et de la polarisation.

Au lieu d'une simple compression dans un sens, la
cohésion peut dans le phénomène de la cristallisation
comprimer les molécules en deux ou plusieurs directions
plus ou moins inclinées l'une sur l'autre et que la forme
générale du cristal peut révéler.

En se mettant à ce point de vue, on pourra encore,
comme nous le verrons plus loin, trouver la raison physique naturelle des lois invoquées par Fresnel dans cette
difficile question.

§ II.

RAYONS LUMINEUX RENCONTRANT UN CRISTAL A MOLÉCULES ELLIPSOÏDALES

Au lieu de considérer la rencontre avec une molécule unique de spath, examinons maintenant le phénomène pour des incidences quelconques sur les différentes facettes d'un cristal.

Remarque. — Jusqu'ici j'ai représenté la sphère à laquelle l'ellipsoïde est ramené par la vibration incidente, par une circonférence ayant un rayon plus grand que le petit axe A B de l'ellipsoïde; mais bien que ce soit là la véritable sphère qui donne la phase de plus grande résistance, je vais dans les constructions suivantes adopter la sphère théorique complètement intérieure imaginée par Huygens, afin de ne pas compliquer les figures.

FACETTE TAILLÉE NORMALEMENT A L'AXE POLAIRE DES MOLÉCULES ÉLÉMENTAIRES

Soit GR_i (Fig. 21) un rayon lumineux rencontrant la face LF sous l'incidence GCA, l'axe de propagation GR_i passant par le centre C de l'ellipsoïde.

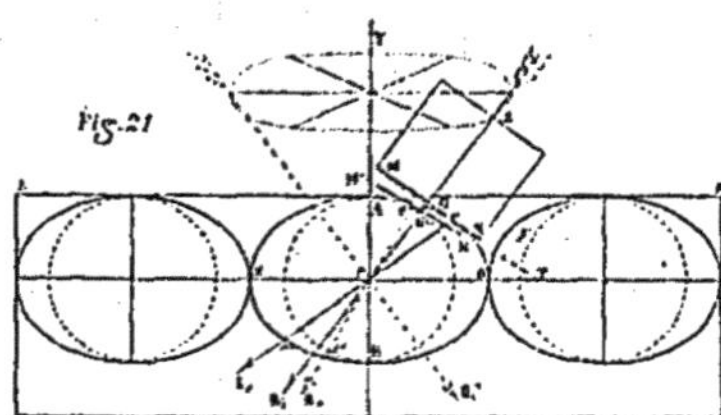

Comme nous l'avons déjà vu (figures 10 et 17), le premier point de contact *n* du front MN avec l'ellipsoïde ne coïncidera pas avec le centre de propagation G; par suite la compression et la réaction élastique de l'ellipsoïde se feront suivant le diamétre nn'.

Le rayon *extraordinaire* R_e *s'écartera* donc de la normale, R_e C B $>$ GCA. Mais le front MN rencontrant l'ellipsoïde du côté n de son centre de propagation G buttera : le côté N' retardera sur M'. Par conséquent ce ne sera pas encore au centre de propagation G' que le front M'N' touchera d'abord la sphère intérieure que l'analyse des figures 3 et 8 nous autorise à supposer dans l'ellipsoïde, mais un point r situé à gauche de G'. Par suite, la compression et la réaction élastique de la sphère se feront *sensiblement* dans la direction du diamètre rr'.

Le rayon *ordinaire* R_o se *rapprochera* donc de la normale R_o C B $<$ GCA.

Comme construction graphique donnant la direction des rayons réfractés, conformément à l'analyse physique précédente, on peut prolonger le front MN, tangent à l'ellipsoïde, jusqu'à la rencontre du grand axe CD, et par le point T mener ensuite une tangente à la sphère, pour trouver le point r. Cette construction donnera toujours le point r plus prêt de la normale que n; et par suite donnera le rayon ordinaire plus prêt de la normale que le rayon extraordinaire. En effet TM étant perpendiculaire sur ZR_i, TM' sera oblique sur le rayon incident; donc le *rayon ordinaire* R_o *qui sortira perpendiculairement du front* M'N' *dévié, sera plus prêt de la normale que le rayon incident.*

Quel que soit l'azimut du plan d'incidence Y C Z autour de la normale Y C, le phénomène suivra la marche que nous venons d'indiquer.

L'angle de séparation variera seulement avec l'angle d'incidence, suivant la loi de la figure 10.

Comme nous l'avons vu dans la figure 11, il n'y aura point double réfraction dans l'incidence normale suivant Y C.

2° FACETTE TAILLÉE PARALLÈLEMENT A L'AXE POLAIRE DES MOLÉCULES ÉLÉMENTAIRES

Nous avons deux cas à analyser pour une pareille facette, car le résultat doit changer suivant que le plan

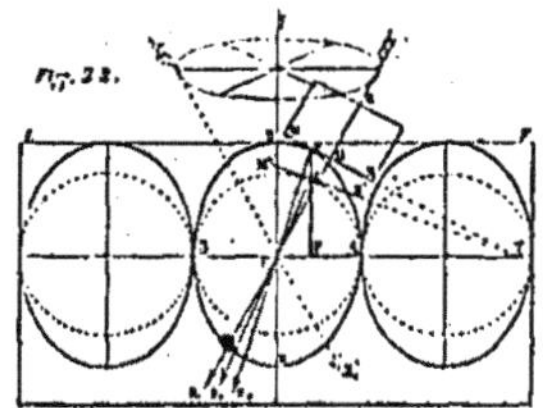

d'incidence (Fig. 22) Y C Z comprend le petit axe polaire A B, ou lui est perpendiculaire.

A. PLAN D'INCIDENCE COMPRENANT L'AXE POLAIRE

Le grand axe E D (Fig. 22) des molécules élémentaires étant perpendiculaire à la facette LF, les sphérules éthérées peuvent rencontrer les molécules de spath comme l'indique la figure, à une certaine distance de l'équateur; et par suite le point de tangence sera distinct du centre de propagation G.

Nous pouvons donc encore, comme construction géométrique pour trouver R_e et R_o, prolonger le front MN tangent à l'ellipsoïde jusqu'à la rencontre du petit axe A B et, du point de rencontre T mener une tangente à la sphère pour déterminer le point r. On sait que les deux points de tangence n et r appartenant à deux tangentes

partant d'un point commun du petit axe prolongé ont
même abscisse nP.

Ce qu'il y a de remarquable dans ce cas, c'est que le
rayon extraordinaire R_e est plus rapproché de la normale
que le rayon ordinaire R_o.

$$R_o\,CE > R_e\,CE.$$

Dans l'azimut opposé le même résultat se reproduira
symétriquement avec le même angle d'incidence.

Mais l'angle d'incidence diminuant dans ces deux azimuts, le rayon extraordinaire R_e se rapprochera de CE
moins vite que le rayon ordinaire R_o et quand l'incidence
sera devenue normale, *les deux rayons se confondront en
un seul, comme nous l'avons vu à la figure 10.*

B. PLAN D'INCIDENCE PERPENDICULAIRE A L'AXE POLAIRE
DES MOLÉCULES

Soit, figure 23, ZR_i un rayon dont le front MN rencontre l'équateur de la molécule ellipsoïdale A au point G

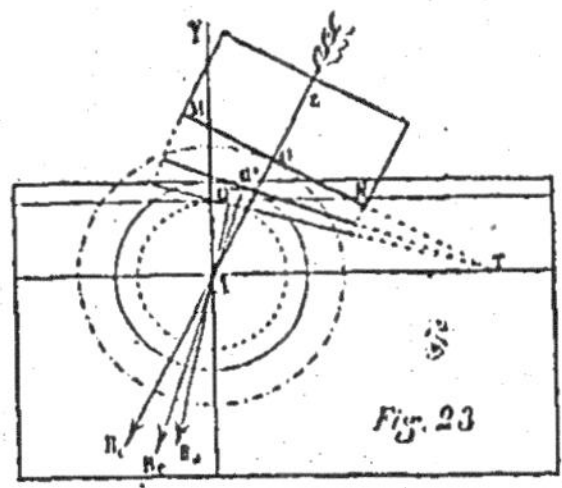

sous l'angle d'incidence GAY.

Grâce à l'infiniment petit où tout ceci se passe, nous
pouvons dire que l'on trouvera géométriquement les deux
rayons R_e et R_o en traçant trois circonférences dont les

rayons A G″, AG′ et AG sont inversement proportionnels aux résistances de la sphère théorique intérieure de l'ellipsoïde et du premier milieu d'où arrive le rayon. En menant une tangente GT à la circonférence AG, le point T déterminé par elle sur AT, parallèle à la surface KL, servira à mener les autres tangentes TG′, TG″, représentant les différentes déviations du front d'onde.

Ce qu'il y a de particulier ici, c'est que le point G′ se promenant sur une circonférence comme le point G″, *l'indice de réfraction extraordinaire sera constant comme celui de la réfraction ordinaire.*

On peut donc, pour ce cas en particulier, se contenter d'appliquer ce que nous avons dit pour la réfraction simple, en considérant deux surfaces d'entrée LF et *mn* (Fig. 24).

Soit le rayon ZR$_i$ rencontrant obliquement la première surface LF formée par les équateurs des ellipsoïdes.

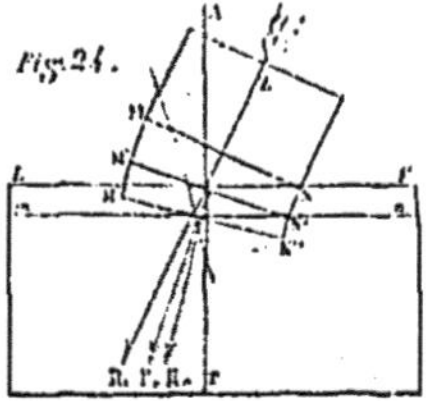

Cette surface est la moins résistante, mais elle l'est plus que l'air, le front d'onde MN subira donc une première déviation en M′N′ qui rapprochera le rayon extraordinaire R$_e$ de la normale.

Un peu au-dessous, ce même rayon rencontrant la surface *mn* formée par les sphères théoriques intérieures, subit une nouvelle déviation, parce que ce nouveau milieu est plus résistant. Le front devient M″N″ et il en

sort le rayon ordinaire R_o qui est ainsi plus rapproché
de la normale que R_e.

Il est évident que c'est dans les conditions de cette
expérience qu'il faut se mettre pour déterminer l'indice
de réfraction des deux surfaces d'entrée.

A mesure que l'angle d'incidence diminuera, les deux
rayons se rapprocheront de AP et s'y confondront pour
l'incidence normale.

3° FACETTE DE CLIVAGE

Dans une facette de cette nature (FIG. 25), le petit
axe AB des molécules élémentaires fait avec la normale

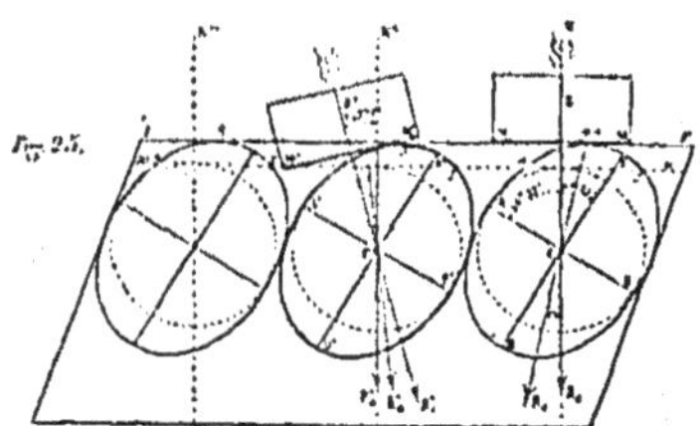

CN un angle de 44° 37'. et par suite le grand axe fait avec
cette même normale un angle de 45° 23'.

Les molécules possèdent donc sensiblement au niveau
du cristal la latitude qui, pour l'incidence normale donnera le maximum de déviation du rayon extraordinaire.

Ce maximum, qui est de 6° 14' 20", aurait lieu si l'angle
ACN était 41° 52' 50".

De fait, la déviation $R_o C R_e$ du rayon extraordinaire
quand l'incidence est normale à une facette de clivage est
de 6° 12'.

Les parties $\alpha \beta \gamma$ des molécules dont l'ensemble constitue la facette, nous montrent que sous toutes les inci-

dences : *le rayon extraordinaire* R_e *déviera à gauche, c'est-à-dire du côté du pôle A le plus rapproché de l'incidence.*

Quand l'incidence est de 9° 49' 25" à gauche, du côté du pôle A :

Le rayon extraordinaire R_e *se trouve précisément dans la normale.*

On peut d'ailleurs ici, pour toutes les incidences dont le plan renferme le petit axe A B, employer la construction indiquée dans les cas précédents, comme le montre la figure 26. Comme on le voit par les deux incidences

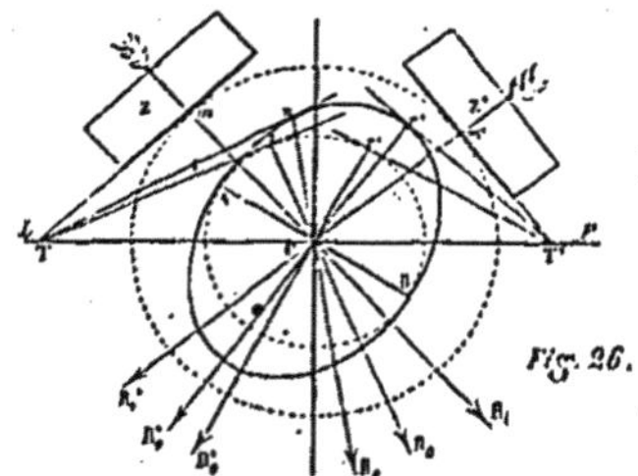

Fig. 26.

représentées dans cette figure, *le rayon extraordinaire* R_e *est à gauche du rayon ordinaire* R_o.

§ III.

PROPAGATION D'UN RAYON LUMINEUX DANS L'INTÉRIEUR D'UN SPATH.

Après avoir considéré *l'entrée* d'un rayon lumineux dans un cristal, essayons de suivre sa marche dans l'intérieur même de cette substance cristallisée.

Dans tout ce qui précède j'ai supposé que c'est la molécule même du spath, qui reçoit la vibration lumineuse et qui l'exécute. Et comme on le voit, l'admission de ce fait

analysé mécaniquement, m'a donné *à priori* l'explication
que Huygens a donnée *à posteriori* en créant une hypothèse à laquelle *il n'a jamais pu supposer aucune réalité
physique.*

D'après lui, les rayons obéissent, comme d'instinct, aux
éléments géométriques d'une sphère et d'un ellipsoïde
sans qu'il y ait là ni sphère ni ellipsoïde.

« Les sections principales n'ont évidemment *aucune
« existence réelle* » dit-on, et c'est pourquoi on est obligé
d'inventer des forces abstraites nouvelles, comme celles
des cristaux attractifs et répulsifs.

Scrutons en elle-même la nature des êtres physiques
qui sont là en jeu, et, la mécanique rationnelle nous révè-
lera les conséquences de leurs mouvements.

J'admets donc que ce sont les molécules mêmes du spath
qui acceptent et se transmettent les vibrations lumineuses.

C'est en vain, en effet, que j'essaie de suivre à la piste
la marche d'un rayon lumineux dans un cristal, si comme
on le dit, il ne s'y propage que par l'intermédiaire des
atomes de l'éther qui sont disséminés dans les méats
intercellulaires des molécules.

Ce serait vraiment merveille que la vibration continuât
sa route en ligne droite si elle était condamnée à se fau-
filer dans tous les détours, dans tous les carrefours, dans
tous les culs-de-sac que les molécules cristallisées présentent de tous côtés à son passage. Il y a dans cette conception une impossibilité mécanique qui me répugne absolument.

Ce qui me semble logique et clair et par suite abordable
aux raisonnements mécaniques, c'est d'admettre que les
molécules pondérables de certains corps peuvent vibrer à

l'unisson avec les sphérules impondérables de l'éther. Les molécules pondérables sont, sans doute, en présence des vibrations actiniques, lumineuses et caloriques, comme les résonateurs de Helmholtz en présence d'un concert.

Chacune d'elle par son volume, par son élasticité, par la force de cohésion et par la densité du groupe dont elle fait partie, est plus ou moins apte à exécuter telle ou telle vibration solaire.

Les corps transparents *blancs* sont ceux dont les molécules peuvent vibrer comme celles de l'éther.

Les corps transparents *colorés* sont ceux dont les molécules ne sont d'accord qu'avec certaines vibrations de la gamme chromatique et qui éteignent ou renvoient les autres.

Les corps opaques diversement colorés sont ceux dont les molécules élémentaires ne se transmettent pas les vibrations lumineuses les unes aux autres.

Les *extérieures seules*, celles-là seules qui reçoivent directement l'impression, réagissent; — soit en les éteignant toutes pour former le noir; — soit en les renvoyant toutes pour former du blanc; — soit en éteignant les unes et en renvoyant les autres pour se parer de nuances diverses.

Cela étant admis, c'est l'arrangement intérieur des molécules du cristal qu'il nous importe de connaître.

Or, comme nous l'avons vu, des sphères groupées dans un cube (Fig. 1) y forment nécessairement des tranches parallèles aux faces du cube et la transformation du cube en rhomboèdre plus ou moins aplati, ne change rien à cette disposition. C'est d'ailleurs ce que le clivage prouve avec la dernière évidence, et que les figures 6, 7, et 9 rendent sensible à l'œil.

Dès lors, — comme le carrelage ou le casier des molécules dans ces figures nous l'indique — les molécules sont disposées dans ces facettes de manière à former bien réellement des lignes parallèles répondant à ce que l'on a appelé des sections principales.

Quant à l'arrangement intérieur des molécules, il suffit de remarquer que la cohésion les comprimant dans le sens du petit axe, elles adhèrent intimement entre elles par un contact tel qu'elles doivent pouvoir facilement se communiquer dans tous les sens les impressions qu'elles reçoivent de l'extérieur : *la direction du rayon dans l'intérieur du cristal doit donc dépendre uniquement du premier point de contact du front du rayon lumineux avec la molécule de la facette d'entrée : il s'y propage ensuite en ligne droite comme dans tout autre milieu.*

§ IV.

DIRECTION DES RAYONS A LEUR SORTIE D'UN CRISTAL DE SPATH

Les constructions que nous avons faites pour analyser l'entrée d'un rayon lumineux dans un spath doivent se retrouver nécessairement avec une symétrie parfaite à la sortie de ce rayon.

Soit (Fig. 27) un rayon ZR_i entrant par la molécule o dans la section principale A C B D et émergeant dans l'air par la molécule o'.

Ces deux ellipsoïdes ont leurs axes égaux et parallèles ; donc la sécante tt' menée par le point de tangence t à l'immersion, détermine à l'émergence un point t' parfaitement symétrique de t.

Par suite les tangentes L T et L' T' menées par ces deux points sont parallèles, et par suite les tangentes T S et

T' S' menées aux cercles m et m' dont le rayon est inversement proportionnel à la résistance de l'air, sont aussi parallèles.

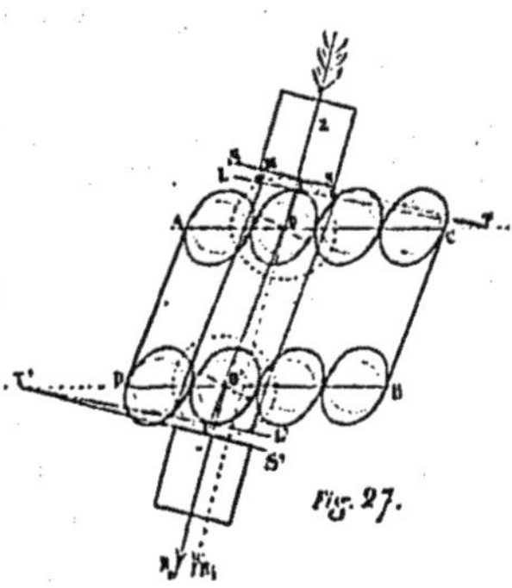

Fig. 27.

Donc Z R, et O R$_e$ perpendiculaires à ces deux tangentes sont parallèles entre elles : c'est-à-dire que le rayon prend en sortant une direction parallèle à celle qu'il avait en entrant.

Ces remarques faites voyons la formation des images :

1° PAR UN SPATH AVEC FACETTES DE CLIVAGE

A. *Plan d'incidence parallèle au plan des axes des molécules élémentaires c'est-à-dire se confondant avec une section principale.*

Les constructions pratiques indiquées dans les paragraphes précédents étant appliquées à deux molécules (FIG. 28), nous donnent les deux images P$_o$ et P$_e$ de l'objet P.

Avec l'incidence normale l'image ordinaire P$_o$ n'est point déviée; elle est *simplement rapprochée*.

L'image extraordinaire P$_e$ est déviée vers le *pôle* A dans *l'hémisphère duquel a lieu l'incidence*. Elle est en même temps rapprochée, mais pas autant que l'image ordinaire P_o.

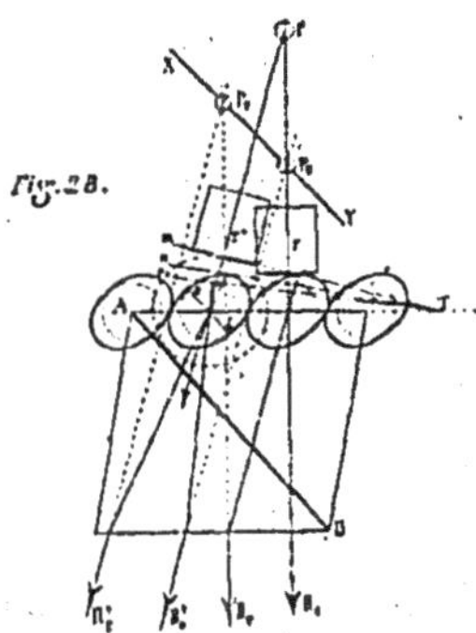

Nota. — Ces deux images, comme l'indique la figure, *sont sur une ligne X Y parallèle à l'axe ab des molécules ou à l'axe A B du rhomboèdre.*

B. *Plan d'incidence perpendiculaire aux sections principales.*

La figure 29, dans laquelle le plan G X H est perpendiculaire au plan de la section principale A D B, nous montre un rayon R' arrivant dans ce plan G X H obliquement à la section principale.

Le rayon R qui est à l'intersection des deux plans donne les deux rayons R_o et R_c comme dans la figure 25.

Le rayon R' tout en arrivant obliquement par rapport à R, arrive cependant suivant le plan d'un méridien secondaire A T″ B, dans lequel il produira, — comme R dans le plan A T B, — deux rayons R'_o et R'_c.

Ces deux rayons se propageront évidemment dans le

plan de ce méridien A T″ B, au lieu de se propager dans le plan de la section principale du cristal.

Ce méridien secondaire A T″ B est en effet une section principale *pour la molécule* aussi bien que A T B; puisque tous les méridiens, par là même qu'ils renferment l'axe polaire AB, méritent le titre de sections principales.

Mais par rapport *au cristal* dont cette molécule fait partie, le plan de ce méridien est oblique à ce que l'on appelle les sections principales, lesquelles sont toutes parallèles entre elles, comme nous l'avons vu figure 7.

Par suite les rayons, au lieu de se propager dans le cristal en suivant le plan d'une section principale, en traverseront plusieurs et sortiront par une section différente de celle par laquelle ils sont entrés.

· Ainsi dans la figure 30 les deux rayons R et R′ envoyés par le point lumineux P, obliquement à la section principale A C B D, *sortent du cristal par une autre section principale a b c d.*

En construisant les lignes comme pour la figure 28, on

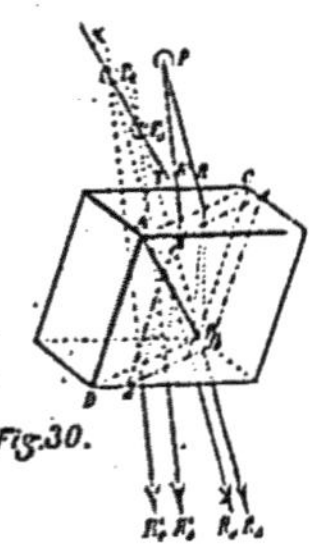

voit qu'ici encore les deux images P_e et P_o sont sur une même ligne X Y parallèle à l'axe A B du cristal.

2° FORMATION DES IMAGES PAR UN CRISTAL A FACETTES
TAILLÉES PARALLÉLEMENT A L'AXE

La figure 31 dans laquelle on répète pour deux molé-

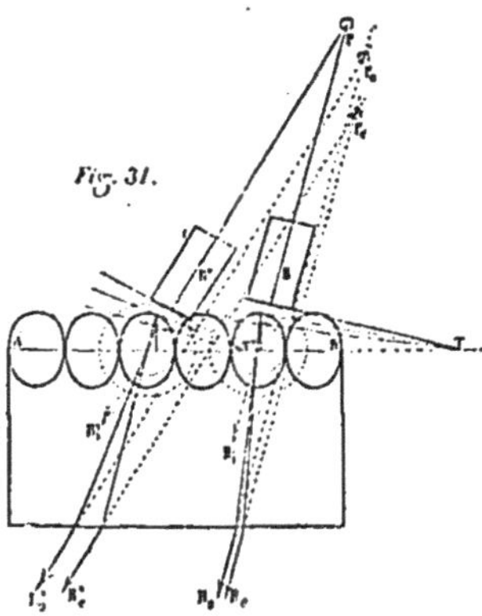

cules la construction déjà faite dans la figure 22, suffit
pour rendre compte de ce qui se passe dans ce cas.

CHAPITRE V

POLARISATION

Dès lors que la *simple hypothèse* des vibrations transversales se réalisant dans une direction unique au lieu de se faire dans tous les azimuts a pu suffire à Fresnel pour expliquer les phénomènes de la polarisation, sans qu'il ait pu en rendre compte d'une manière acceptable, — je serais en droit de m'en tenir pour le moment à la précédente analyse physique, puisque cette analyse m'a conduit logiquement à des vibrations transversales qui ne sont plus *une absurdité mécanique*.

Mais nous sommes ici en présence d'un véritable mystère physique.

Nous savons que les particules élémentaires de l'éther exécutent à la fois, sans les embrouiller, sans les confondre, les mille séries de vibrations *actiniques, lumineuses et caloriques* des radiations solaires; mais comment peuvent-elles réaliser ces mouvements si nombreux et si divers : c'est ce que l'esprit le plus subtil ne saurait comprendre.

Une corde vibrant de manière à faire entendre à la fois ses 6 ou 7 harmoniques; — une cloche qui se sectionne en ventres et en nœuds dans toute sa périphérie pour

donner 5 ou 6 notes différentes ; — la plaque du télé-
phono enregistrant dans une seule ligne de pointillés les
vibrations de vingt instruments ; — notre oreille elle-
même saisissant les plus délicates nuances du plus com-
pliqué des concerts, — ne peuvent nous donner une idée
de la complication des mouvements vibratoires exécutés
par l'éther.

On dit « rapide comme la pensée », mais quel est l'esprit capable de suivre par la pensée ces petits êtres qui
non seulement exécutent tel nombre précis de *centaines de
milliards* de vibrations en une seconde ; — mais qui réalisent à la fois, — en conservant à chacune son nombre
exact de vibrations, — les mille notes différentes que le
prisme nous révèle dans le plus subtil et le plus délié des
rayons solaires ?

Il serait donc présomptueux de prétendre approfondir
par l'imagination la nature nécessairement très complexe
d'une semblable merveille.

C'est pourquoi je me garderai bien de dire que j'ai tout
expliqué dans la polarisation parce que j'ai vu qu'il y a là
réellement des vibrations transversales s'exécutant *dans
un seul azimut*, PARALLÈLEMENT *au plan de la section principale pour le rayon* EXTRAORDINAIRE, — *et* PERPENDICULAIRE-
MENT *à ce plan pour le rayon* ORDINAIRE.

Ces vibrations transversales ne doivent pas être l'*unique* cause de tous les phénomènes. Il faudra sans doute
scruter les vibrations des molécules *ellipsoïdales* et *ovoïdes* des cristaux sous bien d'autres points de vue avant
de supprimer tout ce que les phénomènes lumineux ont
de mystérieux dans leur manière d'être.

Ces réserves faites, voici les points que l'analyse mécanique des vibrations polarisées me permet d'établir d'une
manière assez claire.

Rappelons d'abord, dans la figure 32, ce que nous avons déjà établi pour le spath et la tourmaline.

Nous savons que le spath peut vibrer transversalement suivant deux directions perpendiculaires l'une à l'autre : — suivant A′B′, dans la section principale, pour le rayon extraordinaire, — et suivant C″D″, perpendiculairement à la section principale, pour le rayon ordinaire.

Nous savons de plus, grâce à la figure 20, que la tourmaline (FIG. 32) ne donne que la première des deux vibrations transversales, celle qui se fait suivant A′B′, dans la

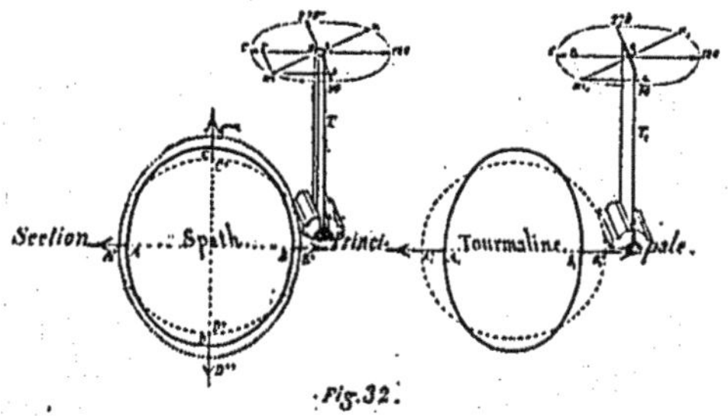

·Fig.32·

section principale et qui donne le rayon extraordinaire.

L'amplitude de la vibration incidente s'épuise dans l'allongement A₁A′₁ de l'axe de ce cristal. Elle ne pousse pas assez profondément pour rencontrer la seconde phase de résistance de l'ellipsoïde.

Nous pouvons donc assimiler la molécule de spath à une verge élastique carrée T; et la tourmaline à une lame élastique large et mince T₁.

Si on attaque la verge T suivant l'azimut 0,180, elle vibrera uniquement dans cette direction, en sillonnant une ligne droite.

De même si on l'attaque suivant l'azimut 90,270, elle vibrera uniquement suivant cette direction.

Mais si on l'attaque obliquement dans l'intervalle des angles droits, suivant *mn* par exemple, on verra son extrémité décrire une courbe qui prouve qu'elle obéit à ses deux axes d'élasticité en partageant l'impulsion incidente entre ses deux axes proportionnellement au *sinus mr* et au *ms* de l'angle *rom*.

Pour *rom* = 45°, l'impulsion imprimée à la verge sera partagée également entre les deux axes et l'extrémité de la tige dessinera un 8 parfait.

C'est exactement là ce qui se passera pour l'ellipsoïde du spath ; car son excentricité est précisément telle que l'amplitude de la vibration incidente se partage à peu près également entre les deux phases de résistance de son élasticité. Ses deux axes d'élasticité A'B' et C"D" peuvent donc être regardés comme égaux ; elle peut donc être assimilée à la verge carrée T.

Si on attaque la lame T, suivant l'azimut 0,180, elle vibrera uniquement dans cette direction avec *toute* l'énergie de l'impulsion qu'elle a reçue.

Mais si on l'attaque suivant l'azimut 90,270, elle ne vibrera pas ; *elle n'est pas élastique dans ce sens ; elle annulera l'impulsion reçue.*

Par suite, quand l'attaque aura lieu obliquement, suivant *m₁n₁* par exemple, la lame vibrera toujours, uniquement dans l'azimut 0,180, *mais avec une énergie qui diminuera comme le cosinus* $m_1 s_1$ *de l'angle d'attaque.*

Ces prémisses étant posées, voyons si leurs conséquences logiques s'accordent avec les faits.

CONSÉQUENCES DE LA POLARISATION

I. — CAS DE LA TOURMALINE

Soient (Fig. 33 et 34) des tourmalines taillées dans leurs

facettes supérieures et inférieures parallèlement à l'axe

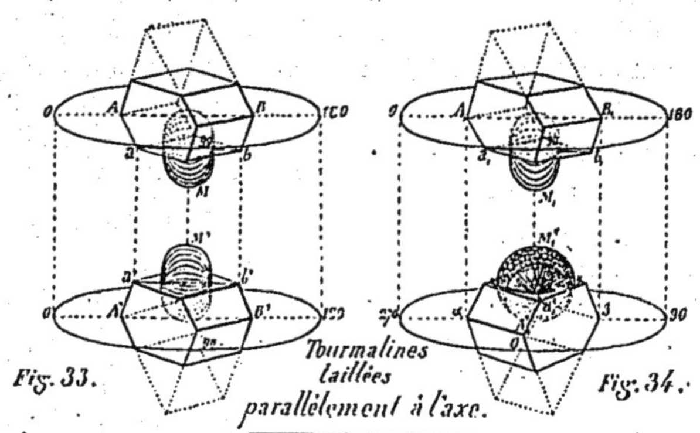

polaire AB du cristal et par là même à l'axe ab des molécules élémentaires.

Les molécules dans ces cristaux se présentent dans ces facettes comme l'indiquent les figures. *C'est le cas analysé dans la figure 13.*

Si les deux cristaux sont disposés comme dans la figure 33, de telle sorte que leurs axes AB et A'B' soient dans le même plan, il est de toute évidence que la molécule M' du cristal inférieur ne peut être mieux posée qu'elle ne l'est pour recevoir *le rayon extraordinaire polarisé* qui lui viendra du cristal supérieur.

Les vibrations transversales de ce rayon se faisant dans le plan de section principale $abb'a'$, la molécule a son axe polaire $a'b'$ tout prêt à obéir à l'ordre qui lui arrive. *C'est le cas où l'on attaque la lame* T$_1$ *(Fig. 32) suivant 0.180.*

Donc le rayon extraordinaire traversera la seconde tourmaline sans perdre de son intensité.

Si les deux tourmalines sont disposées comme dans la figure 34, de telle sorte que leurs axes A$_1$B$_1$ et A$_1'$B$_1'$

soient à angle droit l'un sur l'autre, il est de toute évidence que la molécule M_i' ne peut exécuter la vibration transversale du rayon extraordinaire qui la frappe, puisque cette vibration se fait dans le plan $ab\,\alpha\beta$ et que nous savons (FIG. 20) qu'une vibration attaquant l'ellipsoïde de la tourmaline par son équateur ne peut rencontrer la seconde phase de résistance qui ferait vibrer la molécule suivant son axe équatorial xy.

C'est le cas où l'on attaquerait la lame T_i (FIG. 32) suivant 90.270, dans le sens de sa largeur.

Donc, dans ce cas, le rayon extraordinaire sera éteint par la seconde tourmaline.

Concluons de suite :

Que pendant la rotation du cristal inférieur de 0 à 90, le rayon extraordinaire diminuera continuellement d'intensité comme le cosinus m_is_i de la figure 32.

Il est évident qu'après un autre quart de tour, les deux cristaux auront encore leurs axes parallèles, et que par conséquent après l'extinction à 90°, le rayon extraordinaire paraîtra de nouveau pour acquérir sa force complète à 180°.

II. — CAS DU SPATH

Sans qu'il soit nécessaire de faire de nouvelles figures, nous voyons clairement ce qui va se passer pour deux cristaux de spath placés dans les mêmes conditions que les tourmalines des figures 33 et 34.

1° Un rayon extraordinaire de AB sur A'B' y passera comme pour la tourmaline en demeurant rayon extraordinaire, puisque dans le rayon qui traverse A'B' les vibrations transversales se font comme dans le rayon incident dans le plan A'B' d'une section principale.

2° Si les deux spaths ont leurs axes à angle droit, comme dans la figure 34, la molécule M′₁ va vibrer suivant son axe équatorial xy, dans le même plan que la vibration transversale du rayon incident; mais le rayon est devenu rayon ordinaire, parce que par rapport au second spath sa vibration transversale se fait dans un plan perpendiculaire à la section principale A′₁B′₁.

3° Donc, pendant la rotation de 0 à 90, le rayon extrordinaire incident va se partager en rayon ordinaire et en rayon extraordinaire. A 45°, le dédoublement de la vibration incidente se partagera également entre les deux rayons.

4° On voit tout aussi facilement ce qui se passera pour le rayon ordinaire. Il donnera un rayon ordinaire dans le parallélisme des deux axes et deviendra extraordinaire à 90°.

En un mot, tous les cas symbolisés par les vibrations de la tige carrée T (Fɪɢ. 32) se reproduisent dans le second cristal de spath.

III. — NON-INTERFÉRENCE DES RAYONS POLARISÉS A ANGLES DROITS

Il suffit de rappeler que *c'est une seule et même molécule de spath* qui émet, en deux phases successives le rayon ordinaire et le rayon extraordinaire *polarisés à angles droits* (Fɪɢ. 14 et 15).

Donc une seule et même molécule peut aussi les recevoir et les exécuter soit en deux phases successives, soit ensemble.

Si elle les reçoit ensemble, les deux vibrations ayant lieu dans le même plan, elle peut évidemment les exécuter, puisque dans la lumière naturelle (Fɪɢ. 8, *Analyse fondamentale*) elle vibre à la fois dans tous les azimuts. Ici elle vibrera plus spécialement dans les deux azimuts des rayons polarisés.

Donc si on envoie deux rayons polarisés à angle droit, sous un angle très faible sur une même molécule, elle pourra obéir aux deux ordres qui lui arrivent des deux sources et il n'y aura pas interférence. •

Soit la figure 35 représentant les deux rayons R_e et R_o polarisés à angle droit rencontrant la sphère élastique E C F.

Ces deux rayons vont provoquer la sphère à s'aplatir, — le rayon R_e dans le sens A B et le rayon R_o dans le sens $\alpha\,\beta$.

Or la sphère est disposée à s'aplatir dans toutes les directions du plan de son équateur E G F H à la fois, comme nous l'avons vu dans la lumière naturelle (Fig. 8). Donc elle pourra s'aplatir dans deux directions rectangulaires situées dans le plan de cet équateur, comme l'indique la projection horizontale $A' \beta' B' \alpha'$ de la figure 35.

IV.

RAYONS NATURELS ET RAYONS POLARISÉS

L'analyse que nous avons faite nous permet de nous faire une idée suffisamment nette, sinon complète du rayon polarisé.

La figure 36 mettant en présence un rayon de lumière naturelle avant son passage à travers un spath, et les deux rayons suivant lesquels il est dédoublé par les molécules ellipsoïdales de ce cristal, suffit pour fixer nos idées.

Afin de bien voir les vibrations transversales du rayon ordinaire j'ai fait subir une rotation de 90° au cristal d'où il sort.

De cette manière on voit : 1° Que dans la lumière natu·
relle les vibrations transversales des nœuds se font
dans toutes les directions.

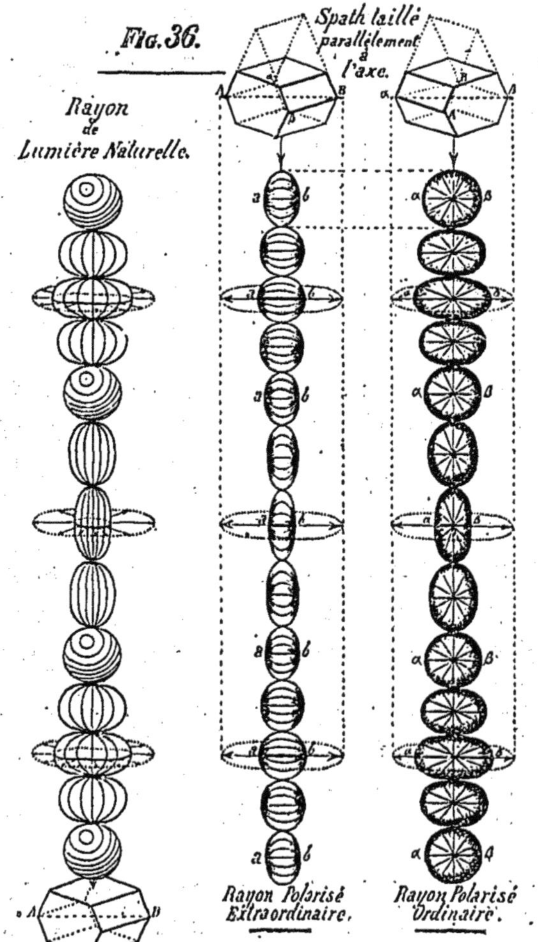

2° Que dans le rayon polarisé extraordinaire elles se font uniquement dans le plan de la section principale passant par l'axe A B. *Le diamètre ab des molécules s'allonge et se raccourcit toujours dans ce même plan.*

3° Que dans le rayon polarisé ordinaire elles se font uniquement dans le plan α β perpendiculaire au plan de la section principale *Le diamètre αβ des molécules s'allonge et se raccourcit toujours dans ce même plan.*

J'ai représenté le cas où le spath est taillé parallélement à l'axe A B, c'est-à-dire le cas de la figure 13; parce que c'est celui où la polarisation est la plus facile à imaginer.

Dans la polarisation par une facette de clivage nous avons vu que toutes les vibrations transversales des molécules se feraient, comme ici, dans le plan de l'axe AB, pour le rayon extraordinaire; mais ces vibrations se faisant à peu près PARALLÈLEMENT à l'axe A B, on voit que si l'axe A B du cristal était oblique à la facette de sortie du rayon, *toutes les vibrations transversales des diamètres moléculaires ab auraient cette même obliquité sur la direction du rayon.*

Mais, comme nous l'avons vu, *la direction des vibrations transversales αβ du rayon ordinaire ne changerait pas.*

V.

POUVOIR PHOTOGRAPHIQUE POSSIBLE DES VIBRATIONS
TRANSVERSALES

Dès lors que dans la lumière polarisée la vibration transversale, au lieu de se faire dans tous les azimuts comme dans la figure 8 (*Analyse fondamentale*), concentre son effort mécanique dans une direction spéciale (FIG. 36), il n'est pas inadmissible qu'elle puisse acquérir une énergie assez grande pour produire des effets mécaniques sensibles.

Peut-être auraient-elles la puissance d'influencer les corps sensibles aux vibrations lumineuses et de nous laisser leurs traces dans la photographie ?

Il faudrait pour cela évidemment recevoir un rayon polarisé sur une plaque photographique très inclinée sur la marche des rayons et placée perpendiculairement au plan des vibrations.

POLARISATION PAR RÉFLEXION

Parmi les corps pondérables, les uns, insensibles aux vibrations lumineuses, les réfléchissent comme nous l'avons analysé dans la figure 26 (Diffraction), mais les autres, moins rigides, acceptent une partie de ces vibrations qu'elles se transmettent les unes aux autres et renvoient l'autre partie.

Ceci dépend probablement du degré d'élasticité des molécules de ces corps.

Si l'amplitude de la vibration incidente est plus grande que l'aplatissement possible à leur degré d'élasticité *elles deviennent réfléchissantes pour l'excédant de vibration qu'elles ne peuvent exécuter.*

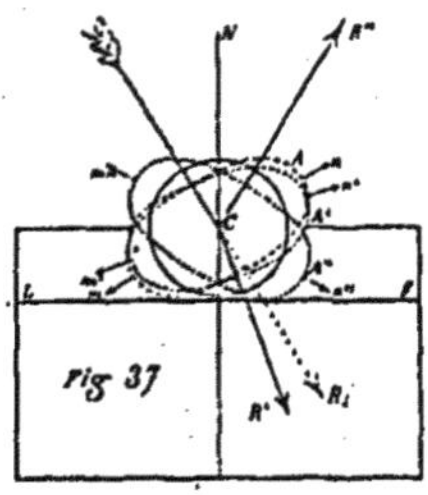

La vibration incidente de la sphère élastique C (Fig. 37) se dédouble donc dans une proportion variable suivant l'élasticité, suivant la souplesse des molécules du nouveau milieu L F.

Soit par exemple, — pour fixer nos idées, — 2 millimètres l'amplitude de la vibration incidente; si la molécule du nouveau milieu est d'une élasticité telle qu'elle ne peut s'aplatir que d'un millimètre, il est évident qu'après avoir cédé au premier millimètre de la vibration elle se comportera comme un corps réflecteur pendant le second millimètre de l'amplitude.

Dans la première phase, la vibration acceptée par la molécule du nouveau milieu, va se transmettre dans ce milieu, *en suivant la loi connue de la réfraction.*

Dans la seconde phase, la vibration refusée par cette molécule, va être renvoyée à l'extérieur, *en suivant la loi de la réflexion.*

Donc la molécule c exécutera sa première phase de vibration transversale suivant m′n′, c'est-à-dire perpendiculairement au rayon réfracté R′.

Puis subissant la réflexion, elle exécutera sa seconde phase de vibration transversale suivant m″n″, c'est-à-dire perpendiculairement au rayon réfléchi R″.

Donc cette même molécule devra exécuter sa vibration transversale dans deux plans différents suivant m′n′ et m″n″.

Cela posé, soit (Fig 38) un rayon R_i d'une incidence quelconque R_i O N.

Nous voyons que les deux vibrations discoïdales qui doivent donner naissance au rayon réfracté R′ et au rayon réfléchi R″ ont *une partie commune a b c d qui formerait un losange si on coupait les deux disques par le plan d'incidence, et des parties non communes a m d, a m″ b.*

Donc, dans ce plan, la vibration transversale va

s'émousser plus ou moins pour les deux parties a m″ b et c n″ d qui tendront à disparaitre et se limiter à la partie commune représentée par le losange a b c d.

Dans la direction perpendiculaire au plan d'incidence vue en α β dans la projection horizontale de la molécule,

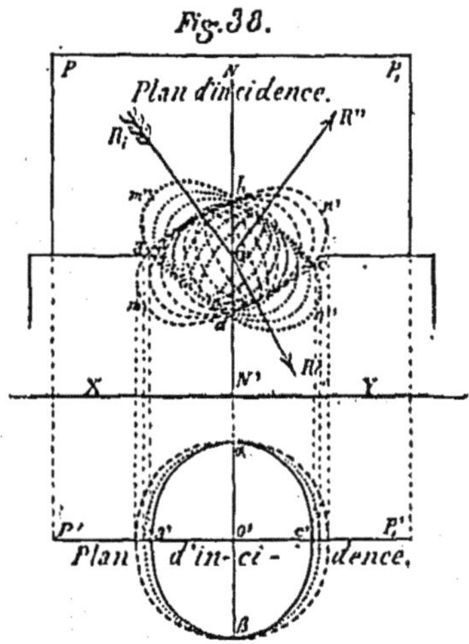

les deux disques m′ n′ et m″ n″ se confondent suivant toute la longueur du diamètre α β.

Donc la vibration transversale ne sera nullement gênée dans cette direction.

Donc la vibration, dans sa seconde phase donnant le rayon réfléchi, tend à prendre la forme ovoïde a′ α c′ β que laisse en blanc la projection horizontale des deux vibrations.

C'est-à-dire qu'au lieu de vibrer dans toutes les directions, comme il le faisait avant la réflexion, le rayon réfléchi vibrera perpendiculairement au plan d'incidence P P′.

Il sera donc, suivant le langage reçu, polarisé dans le plan d'incidence.

J'ai dit, *dans sa seconde phase*; il est en effet évident que la première phase de la vibration transversale, ne subissant que la légère déviation correspondant à la réfraction, n'est point gênée dans ses allures et ne doit par conséquent pas se polariser. *C'est la seconde phase qui se faisant en basculant par la réflexion s'amortit dans le sens suivant lequel elle bascule et se polarise dans l'autre sens.*

Il est de toute évidence que tout ce que nous venons de dire se produit au maximum lorsque (Fɪɢ. 39) *les deux vibrations discoïdales m' n' et m″ n″ seront perpendiculaires*

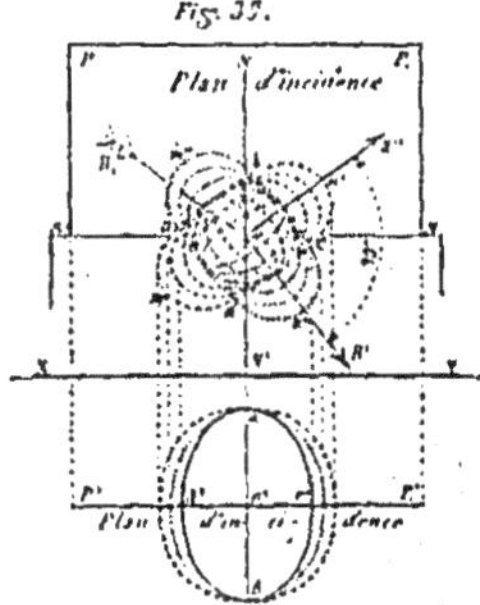

l'une à l'autre; car c'est alors que la partie commune aux deux disques a b c d est réduite à son minimum; sa section est un carré.

La polarisation sera donc maxima quand le rayon réfléchi R″ et le rayon réfracté R′ seront perpendiculaires l'un à l'autre.

Après ce point maximum la polarisation diminuera, car si l'angle *m′ o m″* augmente ce n'est qu'en diminuant l'angle adjacent *m″ o m′, ce qui augmente encore la partie commune aux deux disques et diminue la polarisation en facilitant la vibration transversale de la seconde phase.*

A partir de ce cas maximum de la figure 39, — sans qu'il soit nécessaire de faire de nouvelles figures, — on voit d'abord que le rayon réfléchi R″, se rapprochant de la surface S le disque $m″n″$ tend à se confondre avec la normale N N′ ; — et en second lieu que le rayon réfracté R′, se rapprochant de plus en plus de la normale N N′, sa vibration discoïdale $m′n′$ tend de plus en plus à se confondre avec la surface S, comme dans le cas de l'incidence normale.

Donc à partir de l'angle d'incidence de la figure 39, la divergence angulaire des deux disques $m′n′$ et $m″n″$ tend à se *maintenir*, et par suite la polarisation doit rester à peu près à son maximum pendant quelque temps.

L'angle R′O S étant toujours plus grand que l'angle d'incidence R₁ O N quand il s'agit d'un milieu plus réfringent, et cet angle ne pouvant être plus grand que 90°,

Le rayon réfracté disparaîtra avec telle incidence pour un milieu donné. A partir de ce moment jusqu'à l'incidence rasante, on sera donc dans les conditions de la simple réflexion.

Or, si l'aplatissement de la sphère C (Fig. 26, page 53) contre l'obstacle peut modifier, polariser la vibration transversale que donnera le rayon réfléchi, il ne doit le faire que très peu.

Donc la polarisation doit cesser avec la réfraction.

Pour la même raison il ne doit pas y avoir de polarisation, ou il ne doit y en avoir que très peu, quand l'obstacle sur lequel se réfléchit la lumière ne produit pas de réfraction. *C'est le cas des surfaces métalliques.*

La conséquence logique de cette polarisation par réflexion, est qu'en recevant ce rayon polarisé sur une seconde surface de même nature que la première, dans un plan d'incidence *perpendiculaire* au premier, et sous le même angle d'incidence, *le rayon doit s'éteindre.*

Il est en effet évident, que ce second plan, en remplissant ces deux conditions, veut polariser de nouveau le rayon *perpendiculairement à sa première polarisation.*

Donc il éteint la vibration.

CHAPITRE VII.

SCINTILLATION

Comme Huyghens le voulait, j'ai admis « que chacune des molécules de l'éther est animée d'un mouvement vibratoire spécial », parce que, je le répète, les corps vibrants qui déterminent le mouvement lumineux sont de même ordre de grandeur que les sphérules élastiques de l'éther et ne peuvent, par conséquent, choquer que des sphères de même volume qu'elles, sans produire un mouvement d'ensemble.

Cela m'a conduit au *desideratum* de Poisson; à l'existence propre du rayon lumineux.

Et ce rayon lumineux qui m'a donné l'explication physique naturelle de tous les phénomènes que nous avons examinés jusqu'ici va me permettre de rendre comp te d'une manière très simple du phénomène encore inexpliqué de la *scintillation*.

C'est en obéissant aux lois de leurs affinités chimiques que les corps pondérables réalisent les vibrations actiniques, lumineuses et caloriques, grâce auxquelles les mondes les plus lointains épars dans l'univers sont en relation les uns avec les autres.

Et pour préciser nos idées, c'est par exemple en se précipitant l'une contre l'autre (Fig. 40) pour former par leur groupement une molécule d'eau HO qu'une molécule d'oxygène H et une molécule d'hydrogène O produisent les vibrations les plus énergiques que l'on connaisse.

Je néglige ici la loi des volumes pour ne pas compliquer la figure inutilement.

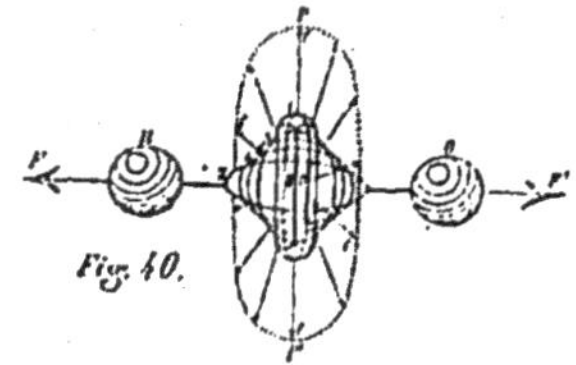

Fig. 40.

Analysons les conséquences mécaniques de ce phénomène.

1° Les molécules H et O étant d'abord isolées l'une de l'autre dans l'espace, il y a évidemment une ligne F F″ qui passant par leurs centres *est la direction suivant laquelle elles vont se précipiter l'une contre l'autre.*

2° L'affinité est la force qui commande leur réunion et nous savons que c'est pour ces deux corps simples que l'ordre de l'affinité est le plus énergique de tous.

En se rencontrant les deux molécules vont donc s'aplatir très énergiquement l'une contre l'autre pour former une molécule unique nouvelle II O.

3° Cette molécule unique a nécessairement au premier instant de sa formation une forme discoïdale 1 très accentuée, et par suite, *toute la poussée qui accompagne le travail mécanique de son aplatissement, se disperse en petites forces élémentaires f sur toute la périphérie de son disque, perpendiculairement à la ligne F F′ de leur marche.*

C'est la vibration transversale ordinaire s'exécutant dans tous les azimuts.

4° Nécessairement cette molécule discoïdale va cher-

cher son repos dans la forme sphérique par une série de vibrations d'autant plus nombreuses que son élasticité est plus parfaite.

C'est-à-dire qu'un simple choc moléculaire va devenir pour un temps plus ou moins long une source de vibrations parfaitement semblable à ce que devient une lame élastique dérangée une seule fois de sa position d'équilibre.

5° Comme les lames vibrantes, — comme le pendule dans ses petites oscillations, — cette molécule HO va observer un isochronisme parfait dans ses oscillations jusqu'à leur extinction complète.

6° Comme je l'ai indiqué ailleurs, ce n'est pas seulement *une série* de vibrations à tant de milliards par seconde que cette molécule va exécuter. *Ce sont sans nul doute plusieurs séries de vibrations nettement caractérisées dans leur nombre effrayant qu'elle va réaliser, comme nous savons que cette grosse molécule que nous appelons une cloche en exécute.*

7° Mais l'analyse d'une de ces merveilleuses séries suffit pour nous donner une idée exacte de toutes les autres.

Or, la première réaction élastique de la molécule discoïdale HO, consistera à prendre la forme ovoïde très allongée 2, *laquelle pointe évidemment toute la poussée de son travail mécanique suivant la direction unique de leur choc* F F'.

Donc c'est dans cette direction que se fera uniquement la propagation des vibrations de la molécule.

C'est l'analyse de la propagation de ces vibrations dans la *file des sphérules impondérables de l'éther, situées dans la direction* F F' *qui est la base fondamentale de ce travail.*

8° Donc, dans tout travail d'affinité, produisant comme travail principal la formation d'un corps nouveau, il y a comme travail secondaire DEUX vibrations, au moins caloriques, émises dans deux directions divergentes suivant la ligne qui passe par les centres des molécules pendant leur choc.

9° Donc c'est uniquement suivant une ligne FF' et suivant un plan PP' perpendiculaire à cette ligne que se produit le phénomène des vibrations de l'éther qui environne deux molécules pondérables se combinant sous l'empire de l'affinité.

10° Il est d'ailleurs certain que l'idée fondamentale de la théorie des ondulations ne peut se réaliser dans *aucun fait physique naturel*.

Un phénomène *artificiel* indiqué dans la figure 41 peut seul donner une idée de ce que serait la propagation sui-

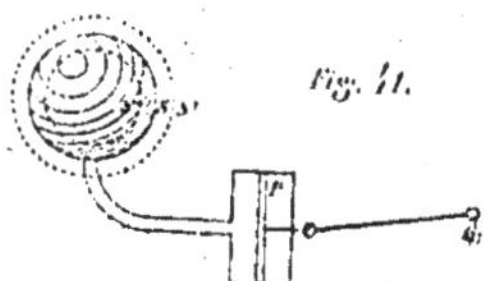

vant des sphères concentriques d'une série de compressions et de dilatations de l'éther.

Soit une sphère élastique en caoutchouc S, dont la grosseur naturelle à l'élasticité de la matière serait par exemple S″ plus petite que S. Si par les vibrations d'un piston P on exécute des poussées et des raréfactions d'air successives dans cette sphère, on pourra obtenir une série de grossissements et de diminutions de S' en S″.

Je ne m'arrête pas à l'analyse des effets produits par ce phénomène dans le milieu environnant. Je me contente d'établir que le CHOC *des molécules pondérables qui est*

très certainement la cause UNIQUE *des vibrations lumineuses, ne peut en aucune façon reproduire ce phénomène purement artificiel.*

Donc étant donné un foyer de combustion formé de
corps simples se combinant deux à deux, nous concevons
toute la série suivante dans les conditions de ces foyers.

1° Si le foyer F (Fig. 42) ne renferme qu'une molécule
de comburant et une molécule de combustible, il est évident que l'axe de jonction RR' de ces deux molécules

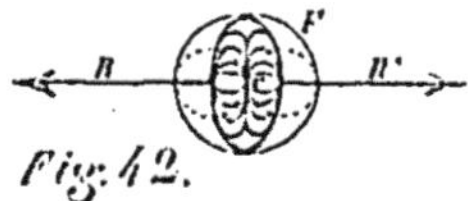

Fig. 42.

peut avoir toutes les directions imaginables autour du
centre c de ce foyer; mais certainement il n'y aura de
rayons lumineux que dans deux directions diamétralement opposées.

2° Si l'enceinte F (Fig. 43) renferme par exemple trois
groupes de combustion isolés, on conçoit que ces groupes étant libres d'occuper une position quelconque dans

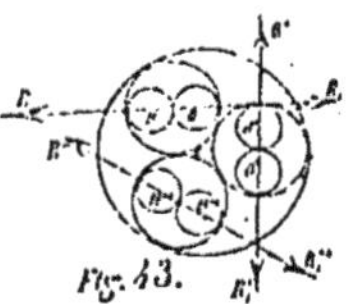

Fig. 43.

cette enceinte, il se pourra que quelques-unes des vibrations émises par leurs chocs se rencontrent du côté intérieur où elles s'interfèrent et s'annulent plus ou moins.

On aura donc de trois à six rayons lumineux émanant
de ce foyer La méditation de la figure 43 fait comprendre
ceci.

3° Si la courbe F du foyer sphérique (Fig. 44) se développe davantage, on conçoit que la calotte sphérique par laquelle une molécule peut lancer ses vibrations dans l'espace est de plus en plus restreinte.

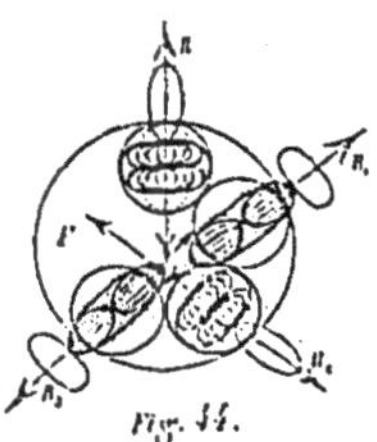

Fig. 44.

Donc la divergence des rayons lumineux émis par un foyer sera d'autant moindre que le rayon de la sphère formée par ce foyer sera plus grand.

4° Mais quelque grande que soit la sphère formée par le groupe des comburants et des combustibles, jamais le faisceau des rayons qui parviennent au loin ne sera réellement *parallèle*.

Je dis « le faisceau », car il est évident qu'il peut très bien arriver, comme l'indique la figure 45, que des molécules rapprochées telles que 2 et 3, ou des molécules éloignées telles que 1 et 2, 1 et 3 envoient dans l'espace des rayons *convergents*; comme il se peut aussi que deux molécules telles que 2 et 4 envoient des rayons *parallèles*.

Mais dans l'ensemble le faisceau des rayons sera divergent.

5° Comme l'indique la figure 45, les rayons convergents émis par des molécules telles que 2 et 3 peuvent être en retard l'un sur l'autre d'une demi-vibration.

Donc ces deux rayons s'éteindront quand ils se rencontreront sur une même sphérule éthérée, plus ou moins loin de leur foyer, et l'on conçoit que tels autres rayons interféreront pour ajouter leur lumière.

Toutes ces observations étant bien comprises, les con-clusions suivantes en sortent naturellement.

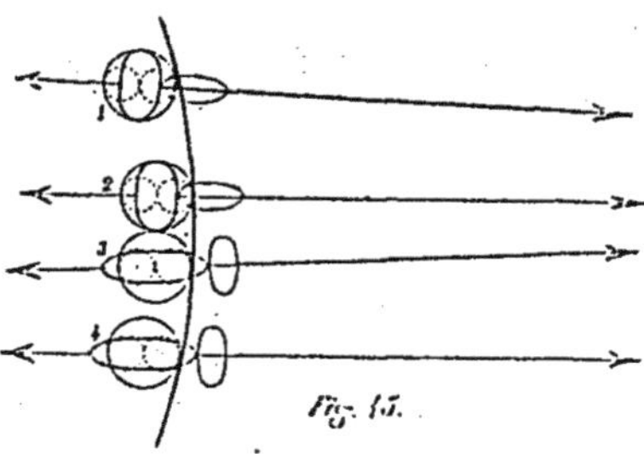

Fig. 15.

1° Si la distance à laquelle on se trouve d'un foyer de combustion n'est pas trop grande par rapport au rayon de ce foyer, on constatera que l'intensité lumineuse varie en raison inverse du carré de la distance au centre du foyer, car la divergence générale des rayons a nécessaire-ment ce centre pour point de départ.

Mais il faut se garder d'accepter cette loi comme *abso-lue*, et d'assimiler la diffusion de l'intensité lumineuse au développement géométrique de l'espace sur des sphères concentriques.

Dans le cône lumineux que l'on observe, il y a en réa-lité une *succession* de rayonnements qui peuvent fort bien varier d'intensité, mais dont les variations ne sont point constatables pour nous, parce qu'étant trop près de la source les intermittences sont noyées pour nous dans la multiplicité des vibrations.

2° Mais si nous nous trouvons assez éloignés du foyer lumineux, on conçoit qu'à un instant donné nous puis-sions nous trouver dans un endroit libre de vibrations. Je dis « à un instant donné », car il est évident que dans l'instant suivant, cet endroit libre peut être traversé par un ou plusieurs rayons; il y aura donc pour notre œil des extinctions, des recrudescences et des affaiblissements dans le rayonnement du foyer.

3° Si nous regardons directement le foyer, cela se manifestera plus tôt que si nous le regardons à l'aide d'une lunette ou d'un fort télescope; car les quelques millimètres carrés de la pupille de notre œil sont un point de mire que les molécules qui nous lancent leurs radiations peuvent manquer plus facilement que les décimètres carrés de la surface d'un télescope.

4° Les rayons que notre œil reçoit peuvent, comme nous l'avons vu (Fig. 45), avoir interféré en route, et cela à des distances variables de la source. Donc, au lieu de la lumière blanche, nous pourrons voir toutes les couleurs nous arriver de l'astre en question.

Voilà toutes les conditions de la scintillation.

SOLEIL

Nous sommes évidemment trop rapprochés de l'immense enceinte du foyer solaire pour nous trouver jamais dans l'intervalle de deux de ses rayons. Il y a bien des interruptions dans les impressions qu'il produit sur nos organes, mais elles sont de si courte durée que nous sommes dans l'impossibilité de les constater. Son feu est trop bien nourri pour que nous puissions y échapper, même dans le plus court instant imaginable.

PLANÈTES

Le chemin que les vibrations lumineuses parcourent en allant du soleil aux autres planètes, et pour venir des planètes à la terre, n'est pas même assez long pour que la discontinuité des rayons nous devienne sensible.

Cependant, ces réflecteurs étant sphériques, doivent disperser les rayons incidents et hâter ainsi le moment où la scintillation peut se manifester.

Une autre cause de scintillation pourrait encore se trouver dans les planètes. Ce serait la mobilité de leur surface. Supposé que des révolutions cosmiques intenses soulèvent et abaissent avec une certaine rapidité la surface de ces réflecteurs, il y aura dans l'émission des rayons lumineux des *dispersions* et des *concentrations* de faisceaux qui pourront produire sur notre rétine des *affaiblissements* et des *augmentations* d'éclat : ce qui sera la scintillation.

ÉTOILES

Mais les étoiles sont tellement éloignées de nous que tous les effets précédemment analysés peuvent se reproduire quand nous les observons.

Qu'on ajoute à tout ce qui précède les effets de réfraction et de dispersion que l'atmosphère terrestre peut produire et l'on aura l'explication simple et naturelle de la scintillation.

CHAPITRE VIII

POLARISATION ROTATOIRE

Comme je l'ai dit dans l'analyse du spath d'Islande, je suppose que lorsque les molécules pondérables sont libres de toute compression elles prennent naturellement la forme sphérique, sous laquelle leur force d'expansion élastique s'exerce également dans toutes les directions.

Nous avons vu comment la compression exercée par la cohésion suivant une diagonale du cube formé par des molécules sphériques transforme toutes ces molécules en autant d'ellipsoïdes dont les forces élastiques variables nous ont donné l'explication simple de la double réfraction et de la polarisation.

Suivons la même marche dans l'analyse des forces de cohésion que la forme cristalline du quartz hyalin nous révèle.

§ I.

Soit (Fig. 1) le cube parfait S S'. Les molécules pondérables qui s'y trouvent ne subissent aucune contraction spéciale de la part de la cohésion. *La cohésion se contente de les réuuir plus ou moins énergiquement sans les lasser dans une direction plus que dans une autre.*

§ II.

En étudiant la double réfraction, j'ai dit que si au lieu de comprimer le cube suivant un diamètre, comme cela a lieu dans le spath, on l'*étirait*, on obtiendrait une molécule ovoïde dont les propriétés élastiques seraient inverses de celles du spath.

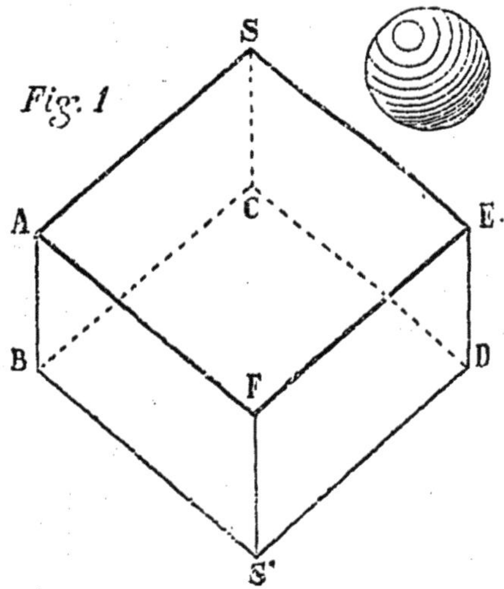

Maintenant je reviens sur cette manière de dire qui ne répondait d'ailleurs qu'à un coup d'œil superficiel et, au lieu de supposer une force qui *étirerait* en sens inverse les deux sommets S et S', je préfère admettre que la cohésion *comprime* la région centrale A B C D E F.

L'étirement, en effet, ne pourrait s'expliquer que par des forces *répulsives* centrales. Or, sans qu'aucune raison philosophique précise justifie ma répugnance, ces forces répulsives ne me plaisent pas.

Je trouve plus simple d'admettre que la sphère moléculaire, assimilable en cela à l'univers en général, est soumise à des attractions, variables sans doute comme intensité et comme direction, *mais ayant toutes leur point d'application en son centre de figure.*

La conception philosophique que je me suis faite de la molécule matérielle me permet en effet de dire que pour les monades élémentaires, comme pour tous les corps célestes, il existe une trajectoire, une orbite, qui est la résultante d'une force centripète et d'une force centrifuge.

Cette idée monadologique m'impose une *polarité* moléculaire, laquelle me permet d'expliquer simplement bien des phénomènes ; mais ne voulant pas, je le répète, introduire dans ce travail une étude philosophique que certains esprits pourraient trouver contestable, je m'en tiens à mon POSTULATUM et me contente de dire *que la sphère moléculaire élastique, quelle que soit d'ailleurs sa constitution, est soumise à certaines attractions centrales.*

Analysons ces attractions pour une molécule de quartz, en nous guidant sur la forme générale des cristaux de cette substance.

Si nous admettons que la cohésion (FIG. 2) saisisse par leur milieu *m* toutes les arêtes qui forment le polygone hexagonal en zigzag A B C D E F et les rapproche également du centre de figure, toutes ces arêtes vont se redresser en formant les angles droits qu'elles faisaient d'abord entre elles.

L'angle A F E, droit dans la figure 1, devient aigu dans la figure 2, et tous les autres angles E, D, C, B, A subissent la même réduction.

Les facettes deviennent donc toutes des losanges, dont le grand axe est dirigé dans le sens longitudinal F S, au lieu de l'être dans le sens transversal A E comme dans le spath.

Cette première action de la cohésion cristalline a donc pour résultat *l'allongement de l'axe* S S'.

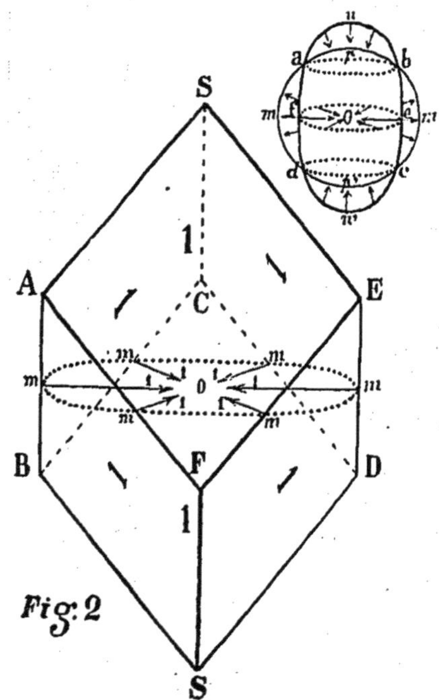

Fig. 2

Cette action de la cohésion peut se symboliser par les 6 forces auxquelles je donne l'indice 1.

Elles sont de même ordre, égales et symétriques, c'est-à-dire diamétralement opposées deux à deux.

Les angles des 6 facettes actuelles du rhomboèdre

dépendent évidemment de l'intensité de ces 6 attractions centrales; donnons donc aussi à ces 6 facettes l'indice 1, pour rappeler les forces auxquelles elles doivent leur origine.

Si l'action de la cohésion se bornait à ces 6 forces, la molécule élémentaire du cristal aurait la forme ovoïde indiquée dans la figure 2.

Évidemment toute la zone équatoriale *abfecd* étant plus rapprochée du centre qu'elle ne le serait dans sa position d'équilibre sphérique, tend à sortir; tandis que les calottes polaires *anb* et *cn'd* étant plus éloignées du centre tendent à s'en rapprocher.

Il suit de là que si une vibration lumineuse vient attaquer cette molécule par son pôle *n*, elle trouvera des intelligences dans la place.

La tension élastique des pôles vers l'intérieur et celle de l'équateur vers l'extérieur seront de connivence avec elle pour vaincre les 6 forces centrales de la cohésion.

Si l'amplitude de la vibration lumineuse est assez grande, il arrivera un moment où les pôles ne voudront plus rentrer et où l'équateur ne voudra plus sortir.

A ce moment la poussée extérieure de la vibration se trouvera seule à lutter contre trois : la tension polaire, la tension équatoriale et la cohésion.

Ce moment arrivera certainement avant que la région *n* soit refoulée en *p*, qui représente la position de l'équilibre sphérique; car la cohésion, maintenant la région équatoriale comprimée, s'oppose à ce que la molécule prenne la forme sphérique.

Nous trouvons donc ici, comme dans le spath, deux phases de résistance à la vibration incidente.

Il y aura donc double rayon émergent.

Si l'incidence est normale, c'est-à-dire située dans l'axe polaire nn', la double réfraction ne sera pas observable. Il faudra qu'elle soit un peu oblique pour que les deux vibrations se séparent. Et dans ce cas la construction de

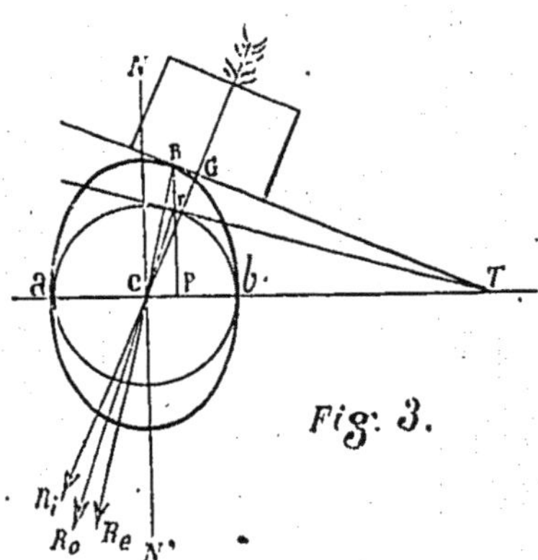

la figure 3 nous montre *que le rayon extraordinaire* R_e *est plus rapproché de la normale que le rayon ordinaire* R_o.

C'est ce que nous avons trouvé dans l'analyse d'un spath taillé parallèlement à l'axe (Fig. 22, page 90) quand l'incidence oblique se fait dans un plan comprenant l'axe.

La différence essentielle entre le cas du spath et celui du quartz est que la double réfraction, pour un même angle d'incidence, *sera la même dans tous les azimuts pour le quartz*, tandis qu'elle n'a lieu pour le spath que lorsque le plan d'incidence contient l'axe polaire.

Cela tient à ce que la partie polaire anb du quartz (Fig. 2) est une *calotte sphérique* présentant la même convexité dans toutes les directions autour de l'axe nn', — tandis que la courbure du spath n'est ellipsoïdale que dans le sens de l'axe. Perpendiculairement à l'axe, elle devient sphérique (Voir Fig. 23, page 91).

Une seconde différence encore plus capitale, est que la polarisation a lieu dans toute sa perfection pour les deux rayons ordinaire et extraordinaire, quand l'incidence normale rencontre par son équateur la molécule ellipsoïdale du spath; tandis que la molécule ovoïde du quartz *ne doit point polariser* les deux rayons qu'elle émet quand l'incidence est normale.

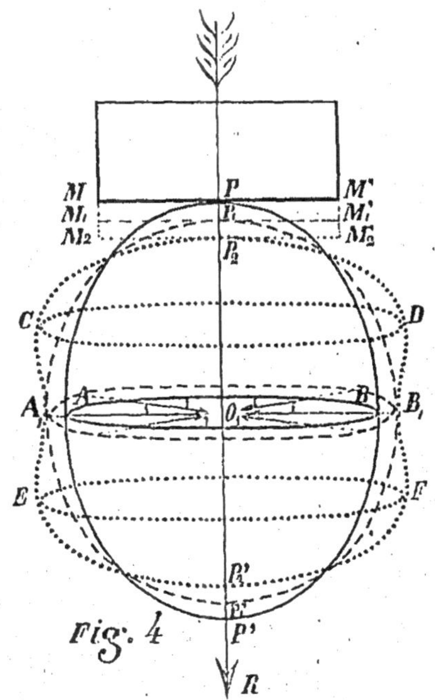

Fig. 4

En effet, soit (Fig. 4) une vibration lumineuse R rencontrant une molécule ovoïde de quartz dans la direction de l'axe polaire PP' avec une amplitude MM_2 telle

qu'elle envahit les deux phases de résistance de la mo·
lécule.

Dans la première phase MM_1, les 6 forces 1 de la cohésion cédant à leurs trois adversaires, la zone équatoriale
AB se dilate en A_1B_1 pendant que les pôles s'aplatissent
en P_1 et P'_1.

*Mais il est évident que cette dilatation de AB en A_1B_1
se fait également dans toutes les directions, perpendiculairement à la marche du rayon.*

*Donc la vibration transversale du rayon extraordinaire
n'est pas polarisée.*

Dans la seconde phase M_1M_2, la complaisance élastique
des 6 forces étant épuisée, la ceinture équatoriale A_1B_1
ne se dilatera plus Donc ce seront les deux zones libres
CD et EF qui se dilateront.

*Mais il est encore évident que ces deux zones se dilateront
elles-mêmes également dans toutes les directions, perpendiculairement à la marche du rayon, suivant CD et EF.*

*Donc la vibration transversale du rayon ordinaire ne sera
pas plus polarisée que celle du rayon extraordinaire.*

Ce qu'il y a de curieux dans cette analyse, qui me semble logique, c'est qu'elle me conduit à dire *que la vibration
transversale du rayon ordinaire est* DOUBLE, *et qu'elle s'effectue simultanément dans deux latitudes également distantes de
l'équateur.*

§ III.

Si nous considérons dans la figure 2 les 6 angles A, B,
C, D, E, F, nous voyons qu'ils sont tous constitués par
l'angle aigu d'un losange situé entre les angles obtus des
deux losanges voisins, et qu'ils sont symétriquement dis·
posés par rapport au centre du cristal.

Cette symétrie nous engage à admettre (Fig. 5) *que la
cohésion peut, sans contrevenir aux propriétés géométriqaes*

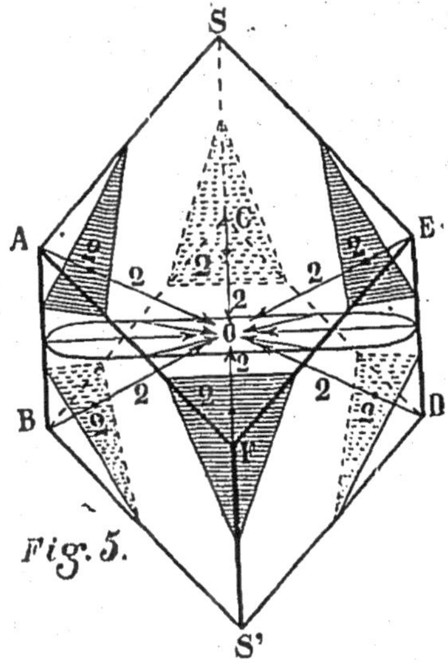

*du solide de cristallisation, exercer sur ces sommets 6 nou-
velles tractions diamétralement opposées deux à deux.*

Ces 6 nouvelles forces de cohésion étant de second ordre,
leur travail étant subordonné à celui des 6 premières,
donnons leur l'indice 2 et marquons du même chiffre les
facettes qu'elles produisent.

Ces facettes peuvent dans leur complet développement
devenir égales aux facettes 1 du rhomboèdre primordial,
et donner le cristal bipyramidal de la figure 6, dit ISOCÈ-
LOÈDRE, parce que tous ses triangles sont isocèles. Mais
elles sont moins brillantes que les facettes 1, et générale-
ment elles sont limitées dans leur formation. Par suite,
elles se présentent sous la forme triangulaire, tandis que

les facettes 1 deviennent pentagonales, comme nous le verrons dans la figure 10.

La tranche hexagonale des molécules qui forment la base commune des deux pyramides de la figure 6, se répétant un plus ou moins grand nombre de fois par une superposition régulière, donne le prisme bipyramidé de la figure 7.

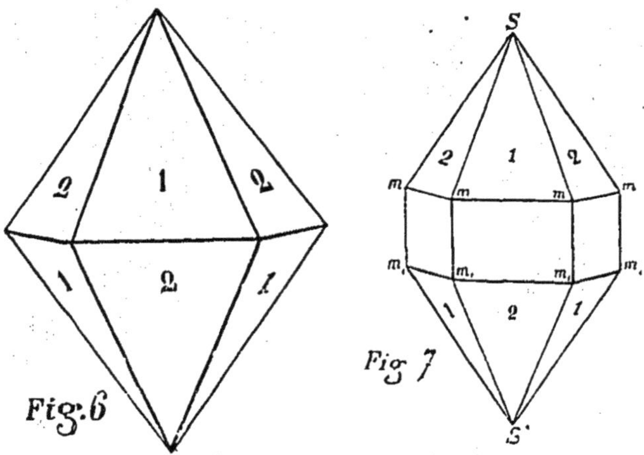

Etudions les effets que doivent produire sur l'élasticité de la molécule élémentaire les résultantes de ces 6 nouvelles forces cristallines 2, combinées avec les 6 premières.

Remarquons d'abord (Fig. 8) que les points d'application G, H, I des trois forces supérieures, et ceux des trois forces inférieures K, L, M, viennent se projeter sur l'équateur en des points N, Q, T; P, R, U, situés exactement au milieu entre les points d'application des forces 1.

Donc quand on comprimera la molécule suivant les pôles SS', tous ces points d'application se prêteront un

mutuel appui qui permettra aux forces d'agir sur la molécule *sans la faire chavirer ni à droite ni à gauche.*

Le point K par exemple, s'appuyant sur B et sur C,
dont il est également distant, se rapprochera de l'équateur

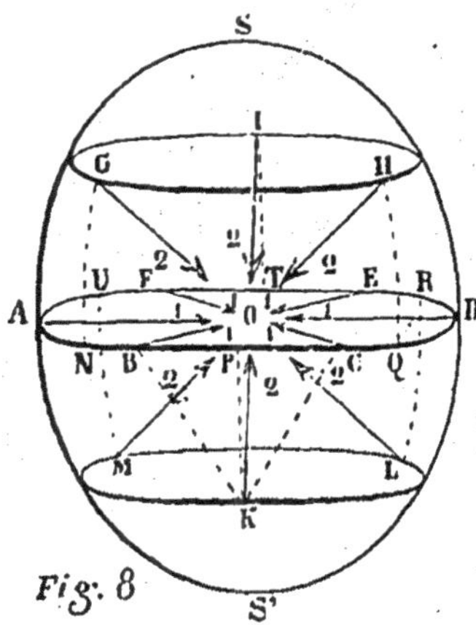

Fig. 8

pendant la compression, sans quitter la bissectrice KP de
l'angle BKC. Et tous les autres points se comporteront
de même.

*Donc tous les méridiens de la molécule ovoïde s'affaisse-
ront sans quitter le plan qu'ils forment avec l'axe polaire SS'.*

Mais, comme la figure 9 l'indique, la dilatation des latitudes auxquelles s'appliquent trois à trois les forces 2,
ne pourra plus se faire régulièrement dans toutes les directions, comme dans la figure 4 où les forces 1 étaient
seules en jeu.

Évidemment, les points G, H, I d'une part et les points
K, L, M de l'autre, étant attirés vers le centre par les forces 2, ne sont pas libres d'obéir à la compression autant
que les arcs intermédiaires α, β, γ et α', β', γ'.

Donc, dans le haut, la vibration transversale de la mo.écule ovoïde se manifestera par trois renflements α, β, γ écartés de 120°. Et dans le bas elle se manifestera par trois autres renflements analogues α', β', γ'; mais disposés précisément sous les ombilics formés dans la région supérieure par les trois forces G, H. I.

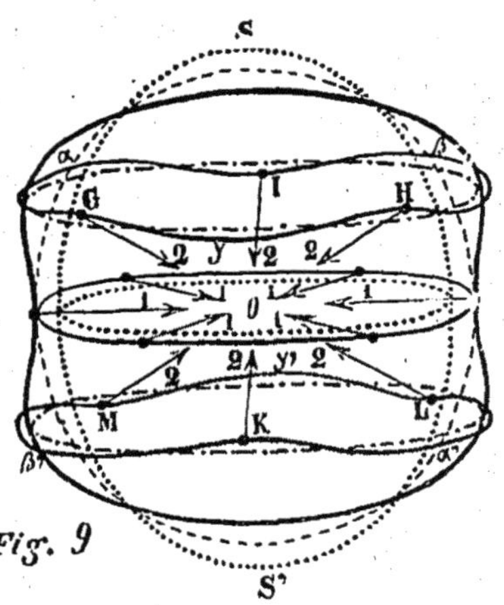

Fig. 9

N'oublions pas que ces deux vibrations transversales particulières constituent par leur ensemble la vibration transversale unique exécutée par une molécule ovoïde de quartz soumise à la compression.

Les trois directions inférieures de cette vibration alternant avec les trois directions supérieures, il s'ensuit que cette vibration transversale ne se fait ni dans toutes les directions, comme pour la lumière naturelle, — ni dans une direction unique comme pour la lumière polarisée; — mais dans six directions précises.

§ IV.

Mais la cohésion cristalline exerce encore d'autres tractions sur la molécule du quartz hyalin.

Pour les connaître, consultons d'abord la symétrie de constitution que les deux séries de forces déjà indiquées impriment à la molécule. Car Celui que Platon appelait l'Éternel Géomètre a mis dans toutes ses œuvres une précision mathématique si invariable, une symétrie logique si régulière, que ce n'est qu'en nous laissant inspirer par ce que l'on appelle *l'esprit géométrique* que nous pouvons arriver à comprendre ses œuvres. Aucune part n'est laissée là aux bizarreries d'un aveugle hasard.

Soit donc (Fig. 10) un cristal dans lequel apparaisssent distinctement tous les éléments voulus, à savoir:

1° Les facettes du prisme hexagonal de la figure 7;

2° Les facettes 1 formant les deux trièdres T et U, c'est-à-dire les facettes du rhomboèdre primordial de la figure 5,

3° Les facettes 2 déterminées par les forces 2 dans la figure 5 ;

Dans le haut nous voyons une grande facette 1, U $caCDb'c'$, située entre deux petites facettes 2, abc à notre gauche et $a'b'c'$ à notre droite.

Si nous considérons que le trièdre a nous présente à sa *gauche* la facette 2 et à sa *droite* la facette 1, tandis que le trièdre b' nous présente à *gauche* la facette 1 et à *droite* la facette 2', nous en concluerons que ces deux trièdres ne sont pas symétriques par rapport au cristal.

Mais en faisant ce même examen sur les autres trièdres analogues dans le haut et dans le bas, nous verrons : que d'une part les trièdres a, a' et a'' sont symétriques entre eux, — et que de l'autre les trièdres b, b' et b'' le sont aussi.

Une raison de symétrie nous autorise donc à supposer 6 nouvelles forces de cohésion cristalline agissant à la fois sur les 6 sommets *a* — ou sur les 6 sommets *b*, *mais non sur les 2 séries de sommets à la fois*

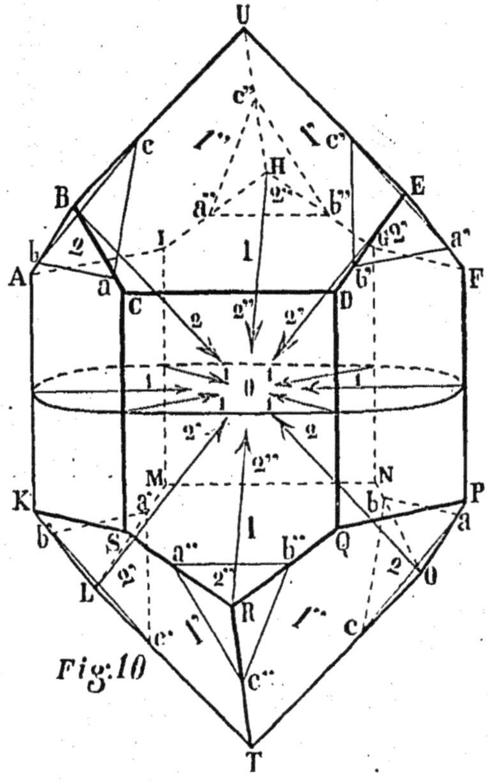

Fig. 10

Les trièdres *a* sont en relation symétrique directe avec certains sommets du prisme hexagonal, à savoir C, F, I dans le haut, et P, M, S dans le bas.

Tandis que les trièdres *b* sont en relation symétrique directe avec les autres sommets, à savoir : A, D, G dans le haut, et N, Q, K dans le bas.

Rien ne s'oppose donc à ce que 6 nouvelles forces coexistantes avec les 6 précédentes se joignent à elles *pour agir ensemble sur ces deux sommets corrélatifs.*

§ V.

Soit donc (Fig. 11) les nouvelles forces 3 et 4 appliquées deux à deux aux sommets *b* et A, *b'* et D, *b"* et G, dans le haut, — et aux sommets *b* et N, *b'* et K, *b"* et Q dans le bas.

Elles vont produire deux nouvelles facettes de troisième et de quatrième ordre, ou plutôt de troisième ordre toutes les deux, car la facette rectangulaire étant toujours parallèle à l'arête disparue, semble indiquer que les forces 3 et 4 agissent toujours ensemble pour attirer la crête qui joint leurs points d'application, parallèlement à elle-même vers le centre.

Ce qu'il y a de remarquable dans cette troisième série de forces c'est qu'elles ne se correspondent pas diamétralement d'une extrémité à l'autre du cristal.

Soit par exemple l'arête *b"* Q ; elle a pour symétrique diamétralement opposée l'arête *a"* I, laquelle, pour les raisons ci-dessus indiquées, ne doit pas être soumise aux deux nouvelles forces en même temps qu'elle.

Donc, comparées aux deux premières séries de forces que nous avons déjà étudiées, elles ne sont que des MOITIÉS *de forces en ce sens qu'elles n'agissent que d'un côté du centre de figure.*

Elles produisent ce que l'on appelle L'HÉMIÉDRIE.

Comme l'inspection de la figure nous l'indique, les nouvelles facettes du bas font le tour du cristal en sens inverse de celles du haut. Il s'en suit :

1° Qu'elles vont à la rencontre l'une de l'autre et
qu'elles se terminent aux extrémités d'une même arête du
prisme hexagonal D Q. G N et A K;

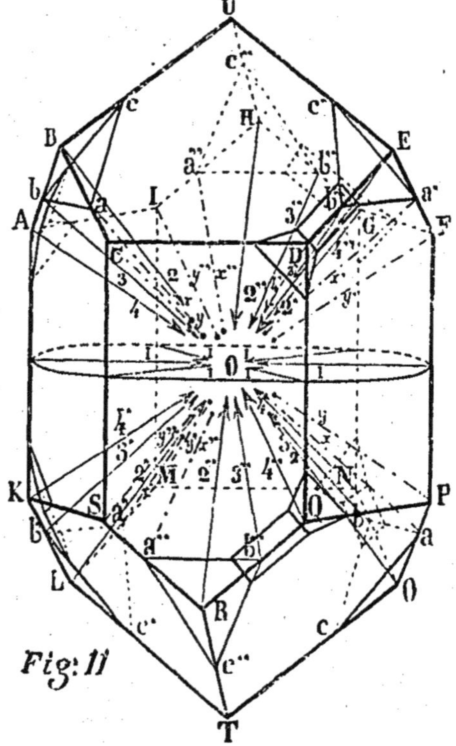

Fig. 11

2° Que les trois autres arêtes C S, FP et IM restent
libres.

En suivant de l'œil les lignes E D Q R, on voit qu'elles
forment une sorte de S oblique de droite à gauche, sur les
branches duquel sont attelées les forces 2′, 3′ et 4′ dans

le haut; 2″, 3″ et 4″, dans le bas, tirant ces branches vers le centre de figure.

Si nous faisons tourner le cristal devant nous, autour de son axe U T, les deux autres systèmes de forces attelées en H G N O et en B A K L, se présenteront à nous sous le même aspect oblique de droite à gauche.

D'autre part, si nous considérons l'arête C S nous voyons qu'elle présente, elle aussi, un aspect analogue, — également oblique de droite à gauche, — avec la grande facette C D U située sur sa droite dans le haut, et l'autre grande facette S T K située sur sa gauche dans le bas.

En faisant tourner le cristal autour de son axe U T, nous verrons que les deux autres arêtes F P et I M sont dans les mêmes conditions avec les autres facettes des trièdres terminaux.

Or, les premiers S de la catégorie E D Q R seront rebelles à vibrer transversalement, puisque leurs bras sont reliés au centre par 3 forces de cohésion, — tandis que les seconds, formés par les arêtes C D, F P, I M, restent libres d'obéir à la compression.

Soit donc (Fig. 12) une molécule de quartz soumise à l'action combinée des forces 2 et de ces nouvelles forces 3 et 4, — que je ne représente que par la simple force 3 pour ne pas compliquer inutilement la figure, — nous voyons que toutes ces forces forment des attelages E D et R Q, B A et L K; H G et O N agissant à droite et à gauche des arêtes D Q, A K et G N.

Ces attelages ne sont donc pas les uns au-dessus des autres suivant un même méridien, et, par suite, si nous les réunissons par des arcs D R, E Q; G O, H N; A L, B K, nous voyons que leur agencement imprime à la molécule *la tournure d'une hélice droite.*

Cette constitution élastique étant bien comprise, nous en conclurons logiquement *que la partie supérieure de cette molécule se* TOURNA *de gauche à droite sur la partie inférieure, comme l'indique la projection horizontale de la figure 12.*

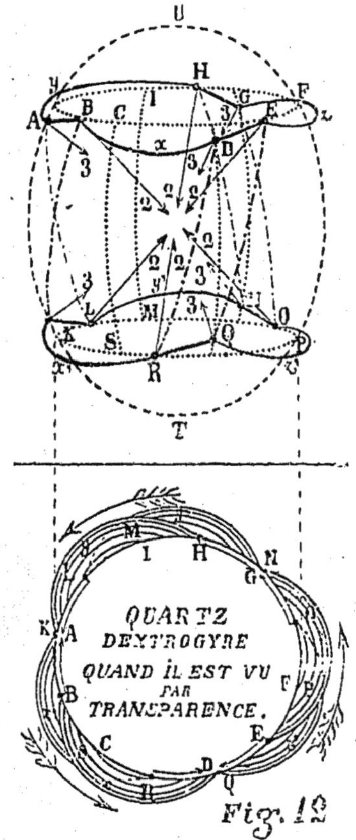

Fig. 12

Les renflements supérieurs x, y z, en s'abaissant sous la compression, tourneront à gauche des renflements x', y', z', comme l'indiquent les flèches.

On conçoit, en effet, que les attelages D E, d'une part, et Q R, de l'autre, doivent agir comme une sorte de COUPLE aux deux extrémités de D Q et, par conséquent, faire tourner la molécule dans le sens de la rotation de ce couple, c'est-à dire dans le sens *Lévogyre*, si l'on regarde la molécule de haut en bas, du côté d'où arrive la compression.

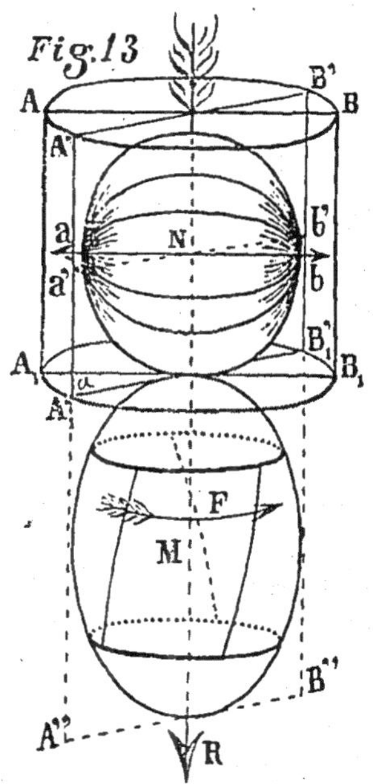

Soit donc (FIG. 13) un rayon extraordinaire polarisé, dont la vibration transversale s'effectue suivant l'axe polaire *a b*, arrivant sur une molécule M de quartz cristallisé dans les conditions que nous venons d'examiner.

En s'affaissant sous la vibration incidente, la molécule M va se tordre dans le sens de la flèche F.

Donc la molécule N *et par là-même son axe polaire a b va tourner aussi dans ce sens.*

Donc le plan de polarisation A$_1$ B$_1$ *va être dévié plus ou moins dans le sens* A'$_1$ B'$_1$.

Si maintenant nous imaginons que le rayon NR nous arrive en face, à travers la molécule M, nous comprendrons *que la déviation* A$_1$A'$_1$ *du plan de polarisation s'est*

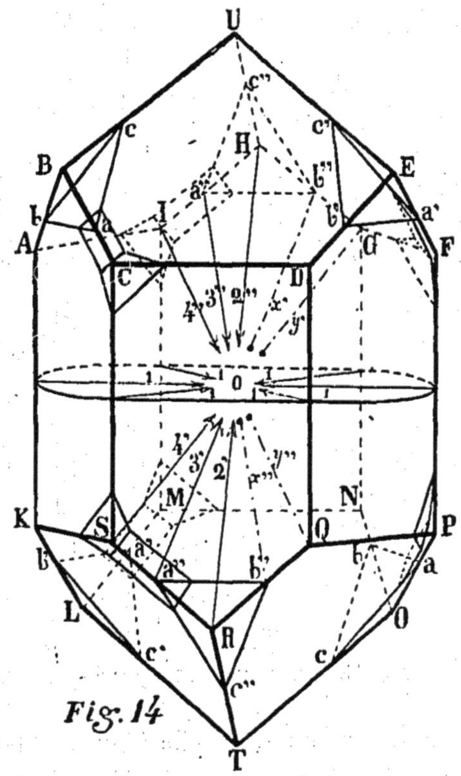

Fig. 14

faite dans le sens de la rotation des aiguilles d'une montre, et nous dirons que la molécule M *est* DEXTROGYRE.

§ VI.

Soit maintenant (FIG. 14) un cristal de quartz dans lequel les nouvelles forces 3 et 4 ont agi sur les trièdres symétriques a, et déterminé des facettes hémiédriques en a C, a' F, a'' I dans le haut, et en a P, a' M et a'' S dans le bas.

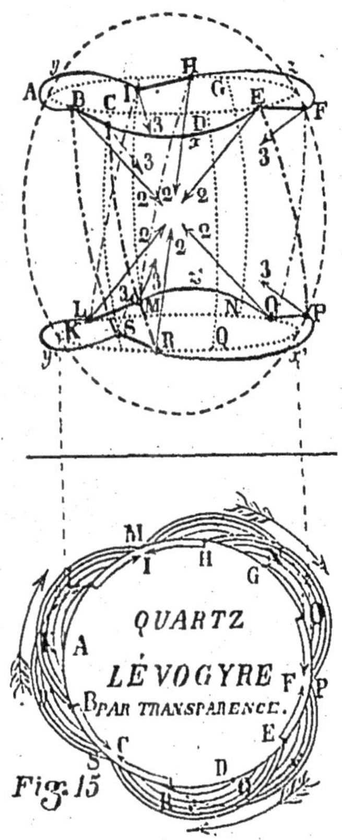

Sans entrer dans tous les détails précédents, nous

voyons de prime abord que ce cristal est inverse du précédent *et ne lui est point superposable.*

Soit (FIG. 15) une molécule élémentaire de ce cristal; nous voyons de même au premier coup d'œil que les couples BCSR, EFPQ et HIML, sont inclinés de telle sorte que si l'on comprime la molécule dans le sens de l'axe *la partie supérieure se* TORDRA *vers la* DROITE *sur la partie inférieure, comme l'indique la projection horizontale.*

Donc si nous regardons cette projection horizontale par transparence, autrement dit, si nous recevons en face le rayon qui aura traversé cette molécule de quartz, nous verrons *que le plan de polarisation sera dévié en sens contraire de la marche des aiguilles d'une montre; et nous dirons par conséquent que cette molécule est* LÉVOGYRE.

§ VII.

Dans l'analyse fondamentale des vibrations nous avons vu que la vibration est d'autant plus aplatie que la longueur d'onde est plus courte.

Or, il est de toute évidence que la torsion de la molécule de quartz sera d'autant plus grande qu'elle sera plus aplatie par la vibration incidente.

Donc la déviation du plan de polarisation vers la droite ou vers la gauche ira en augmentant du rouge au violet.

On conçoit d'ailleurs que le plan de polarisation dévié par la première molécule de quartz doit l'être encore par la seconde, ou plutôt par toutes les molécules nodales suivantes, puisque ce sont celles-là qui exécutent les vibrations transversales.

Les molécules ventrales n'exécutant que des vibrations longitudinales dans le sens de la propagation, sans changer de forme, ne doivent pas contribuer à la rotation du plan de polarisation : *elles le transmettent tel qu'elles le reçoivent.*

La longueur d'onde du rouge étant 645 millionièmes de millimètre et celle du violet n'étant que de 406 millionièmes de millimêtres, nous en concluons que dans une lame de quartz d'un millimètre d'épaisseur il y a, à un instant donné, — pour le rouge 1550 nœuds vibrant longitudinalement et 1550 nœuds vibrant transversalement; — tandis que pour le violet il y en a 2463 des uns et des autres.

11 existe donc deux facteurs concourant à produire la rotation du plan de polarisation, à savoir :

1° Le nombre des nœuds compris dans l'épaisseur de la lame de quartz;

2° L'aplatissement de la molécule dans la vibration transversale.

Lors même que l'effet rotateur de l'aplatissement serait le même pour toutes les vibrations lumineuses, la déviation du plan de polarisation serait encore différente pour les sept couleurs par le fait du premier facteur.

Mais il est évident que dans ce cas la rotation serait *précisément* inversement proportionnelle à la longueur d'onde; puisque le nombre des nœuds rotateurs serait inverse de la longueur d'onde.

Le second facteur en entrant en jeu, renforce ce rapport sans que l'on puisse dire au juste dans quelle proportion.

Les propriétés physiques de ce second facteur sont en effet assez complexes.

D'abord le degré précis d'aplatissement des molécules dans la vibration transversale échappe à notre analyse. Nous pouvons bien dire qu'il augmente quand la longueur d'onde diminue; mais est-ce bien à la simple longueur d'onde qu'il est inversement proportionnel? Il me semble bien difficile de le dire.

D'un autre côté la rotation $A_{\prime}A_{\prime}'$ (Fig. 13) produite par la vibration incidente est probablement un peu modifiée par la réaction élastique de la molécule du quartz, sans qu'il soit facile de déterminer si c'est en plus ou en moins qu'elle est modifiée.

Quand le rayon polarisé vient fouler la molécule M par la tranche $A_{\prime}B_{\prime}$ de son plan de polarisation, la partie supérieure de M s'affaisse, comme nous l'avons dit, en se tordant de gauche à droite, tandis que *la partie inférieure doit tourner de droite à gauche.*

Mais il est possible qu'elle tourne moins de droite à gauche que la partie supérieure ne tourne de gauche à droite. Il me semble en effet plausible d'admettre que la partie supérieure recevant l'attaque de la vibration doit y être plus sensible que l'autre extrémité de la molécule plus ou moins retenue par la cohésion. Peut-être arrive-t-il, — si l'amplitude de la vibration est suffisante, — que la rotation de la partie supérieure, ayant épuisé l'élasticité de torsion de la molécule, finisse, grâce à l'élan acquis, *par entraîner un peu la partie inférieure dans le même sens qu'elle.*

Quand la molécule M ainsi tordue opérera sa réaction élastique, il est évident que les deux extrémités vont se détordre en sens inverse de leur torsion d'aplatissement.

La partie supérieure tournera de droite à gauche et la partie inférieure tournera de gauche à droite.

Or, c'est cette dernière qui transmet la vibration.

Donc le rayon polarisé est transmis dans la vibration longitudinale par une poussée analogue à celle que produirait l'extrémité d'une vis *gauche* progressant dans son écrou.

Les deux vibrations transversales de la molécule du quartz dextrogyre contribuent donc par leurs torsions *inverses* à faire tourner à droite le plan de polarisation : *la vibration transversale supérieure tourne le plan de polarisation* EN LE RECEVANT; *et la vibration transversale inférieure le fait tourner* EN LE TRANSMETTANT.

Dans la molécule lévogyre, les deux vibrations agissent encore dans le même ordre, mais en sens inverse.

Comme on le voit, cette analyse nous permet d'expliquer le pouvoir rotateur du quartz sur le plan de polarisation du rayon qui le traverse, mais elle ne nous permet pas de dire avec précision dans quel rapport cette rotation s'effectue.

Aussi bien cette incertitude au lieu d'être un défaut prouve en sa faveur; car l'expérience démontre que de fait la rotation du plan de polarisation n'est *qu'approximativement, inversement proportionnelle au carré de la longueur d'onde.*

La rotation qu'une lame de quartz d'un millimètre d'épaisseur fait subir au plan de polarisation étant pour le rouge de 17° 29′ 47″ et pour le violet de 44° 4′ 58″, nous trouvons, en n'attribuant le pouvoir rotateur qu'aux molécules nodales, que le rouge qui subit 1550 déviations dans l'épaisseur de la lame est dévié d'un angle de 40″636 à chaque nœud; — et que le violet qui en subit 2463 est dévié à chaque nœud d'un angle de 64″432.

Pour terminer cette étude du quartz, remarquons que si le front du rayon incident n'attaque pas à la fois les 3 couples de force que nous avons déterminés dans la molécule, la torsion de la partie supérieure sur la partie infé-

rieure ne peut s'effectuer. C'est-à-dire *que le pouvoir rotateur du quartz ne s'exerce que lorsque l'incidence a lieu normalement sur une plaque taillée perpendiculairement à l'axe.*

Si l'incidence est oblique, la partie polaire choquée
vibre simplement comme nous l'avons dit au sujet des
figures 2 et 3. Le quartz doit se comporter alors comme
un cristal uniaxe ordinaire.

Mais si nous considérons que la cohésion enchaîne
cette molécule jusque dans des latitudes très rapprochées
des pôles, nous dirons que *la double réfraction doit se
trouver contrariée même pour une faible obliquité.*

TABLE DES MATIÈRES

FIN

Saint-Just (près Paris). — Imp. Universelle.